U0872291

AP1000核电厂电气系统初级运行

主　编　缪亚民

副主编　章金平　陈伦寿　吴元明

中国原子能出版传媒有限公司

图书在版编目(CIP)数据

AP1000核电厂电气系统初级运行/缪亚民主编．—北京：中国原子能出版传媒有限公司，2011.3

ISBN 978-7-5022-5173-4

Ⅰ.①A… Ⅱ.①缪… Ⅲ.①核电厂—电气系统—运行 Ⅳ.①TM623.4

中国版本图书馆CIP数据核字(2011)第031104号

内容简介

《AP1000核电厂电气系统初级运行》主要依据AP1000相关技术文件并参考《AP1000核电站系统与设备》编写而成，主要介绍了厂内外电源系统、主发电系统和电气其它系统，最后并阐述了主泵变频器和厂用电切换等专题。方便读者加深对电气系统和电气设备知识的理解，掌握电气系统与工艺系统紧密联系，从而确保电站稳定安全运行。

本书可用作AP1000电站运行值班员和专业工程师的自学和理论培训读本，也可作为其他工程技术人员的参考书。

AP1000核电厂电气系统初级运行

出版发行	中国原子能出版传媒有限公司(北京市海淀区阜成路43号 100048)
责任编辑	张 琳
技术编辑	丁怀兰 王亚翠
责任印制	潘玉玲
印 刷	保定市中画美凯印刷有限公司
经 销	全国新华书店
开 本	787 mm×1092 mm 1/16
印 张	8.25 **字 数** 201千字
版 次	2011年9月第1版 2011年9月第1次印刷
书 号	ISBN 978-7-5022-5173-4 **定 价** **42.00元**

网址:http://www.aep.com.cn **E-mail:atomep123@126.com**

发行电话:010-68452845

中国核工业集团公司
核电培训教材编审委员会

《AP1000 核电厂电气系统初级运行》
编　辑　部

主　　编　缪亚民

副 主 编　章金平　陈伦寿　吴元明

编　　写　金　毅

校　　对　陈　睿　单水英　戴文韬
　　　　　　田立国　王　炜

统　　审　赵立东　李淑均

总　序

核工业作为国家高科技战略性产业，是国家安全的重要基石、重要的清洁能源供应，以及综合国力和大国地位的重要标志。

1978年以来，我国核工业第二次创业。中国核工业集团公司走出了一条以我为主发展民族核电的成功道路。在长期的核电设计、建造、运行和管理过程中，积累了丰富的实践和理论经验，在与国际同行合作过程中，实现了技术和管理与国际先进水平相接轨，取得了骄人的业绩。

中国核工业集团公司在三十多年的核电建设中，经历了起步、小批量建设、快速发展三个阶段。我国先后建成了秦山、大亚湾、田湾三大核电基地，实现了我国大陆核电“零”的突破、国产化的重大跨越、核电管理与国际接轨，走出了一条以我为主，发展民族核电的成功之路。在最近几年中，发展尤为迅猛。截至2008年底，核电运行机组11台，装机容量907.82万千瓦，全部稳定运行，态势良好。

进入21世纪，党中央、国务院和中央军委对核工业发展高度重视、极为关怀，对核工业做出了新的战略决策。胡锦涛总书记指出：“无论从促进经济社会发展看，还是从保障国家安全看，我们都必须切实把我国核事业发展好。”发展核电是优化能源结构、保障能源安全、满足经济社会发展需求的重要途径。2007年10月，国务院正式颁布了《核电中长期发展规划（2005—2020年）》。核电进入了快速、规模化、跨越式发展的新阶段。

在中国核电大发展之际，中国核工业集团公司继续以“核安全是核工业的生命线”的核安全文化理念和“透明、坦诚和开放”的企业管理心态，以推动核电又好又快又安全发展为己任，为加速培养核电发展所需的各类人才，组织核电领域专家，全面系统地对核电设计、工程建造、电站调试、生产准备和生产运营等各阶段的知识进行了梳理，构造了有逻辑性、系统性的核电知识体系，形成了覆盖核电各阶段的核电工程培训系列教材。

这套教材作为培养核电人才的重要工具，是国内目前第一套专业化、体系化、公开出版的核电人才培养系列教材，有助于开展培训工作，提高培训质量、节约培训成本，夯实核电发展基础。它集中了全集团的优势，突出高起点、实用性强，是集团化、专业化运作的又一次实践。是中国核工业50余年知识管理的积淀，是中国核工业10万人多年总结和实践经验的结晶。

21世纪是“以人为本”的知识经济时代，拥有足够的优秀人才是企业持续发展的重要基础。中国核工业集团公司愿以这套教材为核电发展开路，为业界理论探讨、实践交流提供参考。

我们要继续以科学发展观为指导，认真贯彻落实党中央、国务院的指示精神，积极推进核电产业发展。特别是要把总结核电建设经验作为一项长期的工作来抓，不断更新和完善人才教育培训体系。

核电培训系列教材可广泛用于核电厂人员培训，也可用于核电管理者的学习工具书，对于有针对性地解决核电厂生产实践和管理问题具有重要的参考价值。

中国核工业集团公司总经理 孙勤

2009年9月9日

前　言

为了贯彻三门核电有限公司"育才·成才"的战略方针，适应三门核电AP1000工程建设的进展，满足公司人员培训学习的需求，在继《AP1000核电厂系统与设备》编写完成之后，公司组织编写了又一关于系统方面的培训教材。本套丛书分为四本，分别为《AP1000核电厂核岛系统初级运行》、《AP1000核电厂常规岛系统初级运行》、《AP1000核电厂电气系统初级运行》和《AP1000核电厂外围系统初级运行》（下文分别简称为《核岛篇》、《常规岛篇》、《电气篇》和《外围篇》）。

丛书主要依据AP1000相关技术文件并参考《AP1000核电厂系统与设备》编写而成。丛书图文并茂，覆盖面广，文字通俗易懂，是一套适用性、针对性较强的技术培训读本。本丛书主要用作AP1000电站运行值班员和专业工程师的自学和理论培训读本，也可作为其他工程技术人员的参考书。

《核岛篇》主要介绍了一回路及其辅助系统、专设安全设施、HVAC和放射性废物处理系统。《常规岛篇》主要介绍了二回路水汽循环、汽轮发电机辅助系统和常规岛辅助系统。《电气篇》主要介绍了厂内外电源系统、主发电系统和电气其他系统，最后并阐述了主泵变频器和厂用电切换等专题。《外围篇》主要介绍了厂址废物处理设施（SRTF）、海水淡化和除盐水制备及分配等水处理系统、辅助蒸汽供应和电厂气体等电厂其他支持系统的相关知识。

在丛书的编制过程中，公司领导给予了极大的关注，04级和05级预备操纵员也对丛书提出了许多宝贵的建议，在此一并表示感谢。这套丛书在编写的体系和内容组织方面作了一些新的尝试，加之时间仓促和编者水平有限，书中难免有缺点和不妥之处，恳请读者批评指正。

编　者

2010年6月

目　录

第一章　电气概述

第二章　厂外电源系统

第三章　厂内电源系统

第四章　主发电系统

第五章 电气其他系统

第六章　专　题

第一章　电气概述

1.1　AP1000电气系统综述

1.1.1　AP1000电气系统简介

AP1000电气系统可分为厂外电源系统和厂内电源系统。厂外电源分为500 kV开关站和220 kV辅助电源系统。厂内电源包括：主交流电系统(ECS)、厂内备用电源系统(ZOS)、1E级直流和UPS系统(IDS)、非1E级直流和UPS系统(EDS)、主发电系统(ZAS)、励磁和电压调节系统(ZVS)。

厂内配电系统设置遵照的原则：

(1) 第一层：交流配电系统向单元机组运行所需的非安全相关负载供电，即ECS、ZBS等系统。

(2) 第二层：交流和非1E级直流和UPS配电系统向永久非安全相关负载供电，即EDS、ZOS等系统。

(3) 第三层：1E级直流和UPS配电系统向安全相关负载供电，即IDS系统。

1.1.2　厂外电源系统

500 kV系统为优先电源，开关站GIS设备采用一个半断路器接线方式；220 kV系统为辅助电源，开关站GIS设备采用双母线带母联开关的接线方式。所有的GIS设备均布置在室内。

每台机组设置两台厂变压器和两台辅助变压器，正常运行时由厂变压器向厂内10.5 kV中压母线供电，辅助电源对厂内10.5 kV的中压母线切换方式有快速，残压和手动切换。

1.1.3　厂内交流系统

厂内交流电源系统是非1E级系统，由正常电源、优先电源、辅助电源和备用电源提供。其中正常电源，优先电源和辅助电源构成了主交流电源系统(ECS)。ECS的额定电压等级为10.5 kV、400 V、380 V和220 V。

10.5 kV为中压交流配电系统。三门核电厂1号AP1000机组共设置8段10.5 kV的母线。其中4条布置在常规岛厂房(ECS-ES-3、ECS-ES-4、ECS-ES-5、ECS-ES-6)，两条布置在核岛/附属厂房(ECS-ES-1、ECS-ES-2)。另外两条为1号机组的辅助锅炉供电(ECS-ES-7、ECS-ES-8)。两台10.5 kV的厂内备用柴油发电机连接在ECS-ES-1、ECS-ES-2上。

400 V为低压交流配电系统。400 V交流负荷中心向低压电机(功率大于75 kW小于186 kW)和380 V电机控制中心提供电源。380 V交流电机控制中心向不直接从400 V负荷中心供电的电机，电动阀门提供电源。220 V交流配电盘向低压各类负荷供电，如维修负、单元加热器、房间加热器，照明系统。

1.1.4 厂内直流系统和UPS系统

厂内直流系统由1E级直流和UPS系统(IDS)和非1E级直流和UPS系统(EDS)组成。

1E级直流和UPS系统(IDS)的直流电压等级为250 V。设置A、B、C、D、S五列蓄电池组。其中A、D列为24 h蓄电池组，B、C各含有一列24 h蓄电池组和一列72 h蓄电池组。S为备用蓄电池组，可以在A、B、C、D任何一列失效的情况下进行替换。不间断电源(UPS)的电压等级为交流220 V，也设置四列A、B、C、D。其中A、D列各包含一个逆变器和一个旁路调压变压器构成，B、C列各包含两个逆变器和一个旁路调压变压器。

非1E级直流和UPS系统(EDS)的直流电压等级为220 V。不间断电源(UPS)的电压等级为交流220 V。

1.1.5 厂内柴油机

三门核电厂1号AP1000机组设置两台交流10.5 kV的厂内备用柴油发电机和两台交流400 V的低压辅助柴油发电机，都为非1E级设备。

两台10.5 kV的厂内备用柴油发电机连接在核岛/附属厂房中压母线ECS-ES-1，ECS-ES-2，当失去正常电源，优先电源和辅助电源时，按程序带载与电站顺序停堆重要相关的负荷。

两台400 V非1E级辅助交流柴油发电机，在失去其他交流电源72小时后为1E级事故后监测系统、主控室照明、主控室和仪表控制室通风、非能动安全壳冷却系统再循环泵提供电源。

1.2 厂用电压等级和电气标识

1.2.1 电压等级

交流电压等级：发电机出口电压24 kV；10.5 kV中压交流电源；380 V低压交流电源(包括负荷中心LC和电机控制中心MCC)；220 V低压交流电源；220 V 1E级UPS电源；220 V非1E级UPS电源。

直流电压等级：250 V 1E级直流电源；220 V非1E级直流电源。

1.2.2 电气标识

电气设备标识由四段代码组成：分别是电站识别码、分类码、类型码、序列码，例如，图1-2-1表示2号母线的1号400 V交流负荷中心。交流、直流设备的两字编码见表1-2-1和表1-2-2，电气功能编码见表1-2-3。

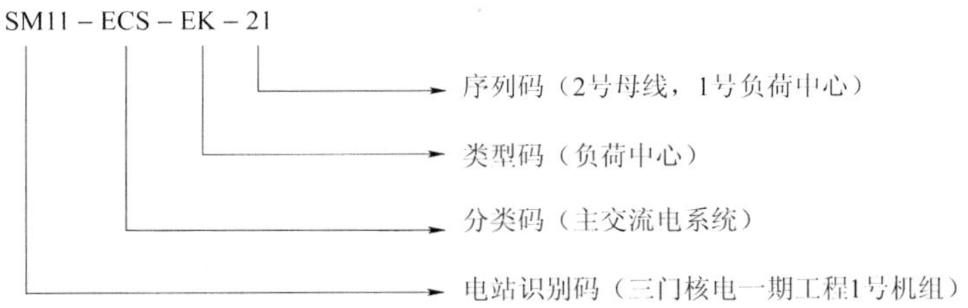

图 1-2-1　400 V 交流负荷中心编码

表 1-2-1　交流电源设备两字编码

类型码	设备类型	类型码	设备类型
EA	220 V 交流配电盘	EN	绝缘/防火
EB	母线导管和支撑	EP	就地控制站
EC	电机控制中心	EQ	阴极保护
ED	380 V 交流配电盘	ER	电缆路径
EE	电子设备、多路转接器和光纤设备	ES	中压母线
EF	通讯和远程通信设备	ET	变压器
EG	接地和防雷	EU	模块
EH	热跟踪，防冻和电阻加热器	EV	可调速驱动器
EJ	终端/连接盒	EW	布线和电缆
EK	400 V 负荷中心	EX	油漆
EL	照明设备	EY	电气专用设备，交流和直流电气贯穿件
EM	交流电机	EZ	开关站设备/子站设备

表 1-2-2　直流电气两字编码

类型码	设备类型	类型码	设备类型
DA		DN	绝缘/防火
DB	电池	DP	
DC	电池充电器	DQ	
DD	220/250 V 直流配电盘	DR	电缆路径
DE		DS	直流配电盘和开关装置
DF	保险丝转换开关盒	DT	绝缘/调节变压器
DG		DU	逆变器和不间断供电电源
DH		DV	电池监测装置
DJ	终端/接线盒	DW	布线和电缆
DK	直流电机控制中心	DX	油漆
DL		DY	电气专用物项
DM	直流电机	DZ	

表 1-2-3 电气功能编码

代码	功能	代码	功能	代码	功能
01	主要元件	32	功率方向继电器	63	压力开关
02	延时启动	33	位置开关	64	接地保护继电器
03	校验/连锁继电器	34	主程序元件	65	调速器
04	主接触器	35	电刷/滑环短路元件	66	多级式启动元件
05	停机元件	36	极性/极化电压元件	67	交流方向过流继电器
06	启动断路器	37	欠电流/低功率继电器	68	闭锁继电器
07	阳极断路器	38	轴承保护元件	69	许可控制元件
08	操作电源切断元件	39	机械工况监视器	70	变阻器
09	反向元件	40	励磁继电器	71	液位开关
10	单元顺序开关	41	励磁断路器	72	直流断路器
11	保留备用	42	运行断路器	73	负荷电阻接触器
12	超速元件	43	手动转换/选择元件	74	报警继电器
13	同步速度元件	44	单元顺序启动继电器	75	位置变换机构
14	欠速元件	45	大气条件监视器	76	直流过流继电器
15	速度/频率匹配元件	46	负序相/相平衡电流继电器	77	脉冲发射器
16	保留备用	47	相序电压继电器	78	相角测量/不间断保护继电器
17	分路或放电开关	48	操作顺序不全继电器	79	交流重合闸继电器
18	加速/减速元件	49	电机/变压器温度继电器	80	流量开关
19	启动-运转转换接触器	50	电流速断/上升率继电器	84	操作机构
20	电气操作阀	51	交流时限过流继电器	85	载流/电缆附线接收继电器
21	距离继电器	52	交流断路器	86	闭锁继电器/出口继电器/连锁继电器
22	均衡电流继电器	53	励磁机/直流发电机继电器	87	差动保护继电器
23	温度控制元件	54	保留备用	88	辅助电动机/电动发电机组
24	保留备用	55	功率因数继电器	89	线路开关
25	同期/同期监测装置	56	励磁施加继电器	90	调节元件
26	设备热元件	57	短路/接地元件	91	电压方向继电器
27	低电压继电器	58	整流故障继电器	92	电压与功率方向继电器
28	火焰探测器	59	过电压继电器	93	磁场变化接触器
29	隔离接触器	60	电压/电流平衡继电器	94	跳闸/自动跳闸继电器
30	信号继电器	61	保留备用	95	仅适用于在个别安装中1～94编码均不适用时的特殊使用
31	分励元件	62	延时停止/开启继电器		

1.3　电气设备主接线

三门核电一期工程的发变组系统采用发电机经过出口断路器、主变压器接于3/2接线的500 kV开关站，在发电机出口断路器的外侧直接与厂变压器相连的主接线方式，如图1-3-1所示。

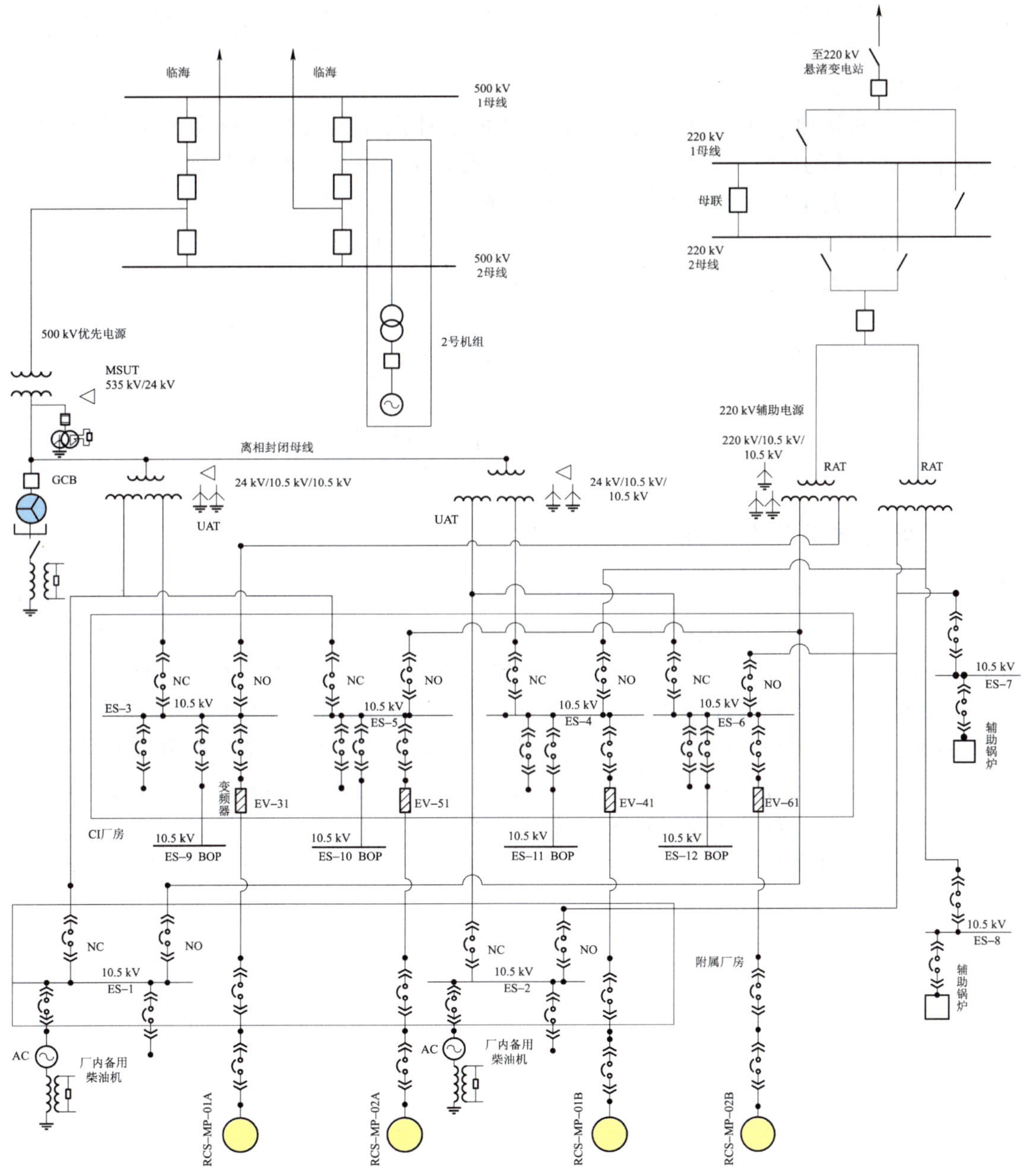

图 1-3-1　主接线图

主发电机采用哈尔滨电机厂有限责任公司生产的 1 266 MW 发电机，主变压器采用保定天威变压器厂生产的单相容量为 484 MVA 的分相式三相变压器，两台厂变压器采用西安变压器厂生产的 88 MVA 三相幅向分裂绕组变压器。两台辅助变压器采用沈阳变压器厂生产的 88 MVA 三相轴向分裂绕组变压器。

三门核电厂 1 号 AP1000 机组设置 8 段 10.5 kV 中压母线，供电给大电机和负载中心变压器。两段（ES1 和 ES2）布置在附属厂房；两段母线各配置一台备用 10.5 kV 柴油机；4 段（ES3、ES4、ES5、ES6）布置在汽轮机厂房；两段（ES7 和 ES8）布置在辅助锅炉房，供电给辅助锅炉。另有布置在 BOP 区域的 4 段 10.5 kV 母线（ES-A/C/E/F）分别由汽轮机厂房的中压母线供电。

关于接地方式：

（1）发电机接地方式为目前使用比较广泛的中性点经配电变压器二次侧高阻接地方式，这种接地方式的特点是可以将接地故障电流限制在比较小的范围内；

（2）主变压器采用高压侧中性点直接接地方式；

（3）主变压器低压侧三角形接线方式，装设保护用接地变压器；

（4）厂变压器采用低压侧中性点经低阻接地方式；

（5）辅助变压器采用高压侧中性点直接接地，低压侧中性点经低阻接地方式；

（6）两台 10.5 kV 柴油机采用中性点经高阻接地方式。

1.4 继电保护基础

1.4.1 继电保护基本原理

电力系统发生故障时，通常会引起电流的增大，电压的降低，以及电流与电压相位角的变化。因此，应用于电力系统的各种继电保护，绝大多数（除某些电机与电器的特殊保护外）都是以反映这些物理量的变化为基础，利用正常运行与故障时各物理量的差别来实现的。

根据所反映的上述各种物理量的不同，便构成了各种原理不同的继电保护。如反映电流改变的有过电流保护；反映电压改变的有低电压（或过电压）保护；既反映电流又反映电流与电压相位角变化的有方向过电流保护；以及反映电压与电流比值，即反映短路点到保护安装处之间的阻抗（$Z=U/I$）（或距离）的有距离保护等。

继电保护的种类虽多，但是一般情况下，都是由三个基本部分组成的，即测量部分，逻辑部分和执行部分，原理结构图见图 1-4-1。

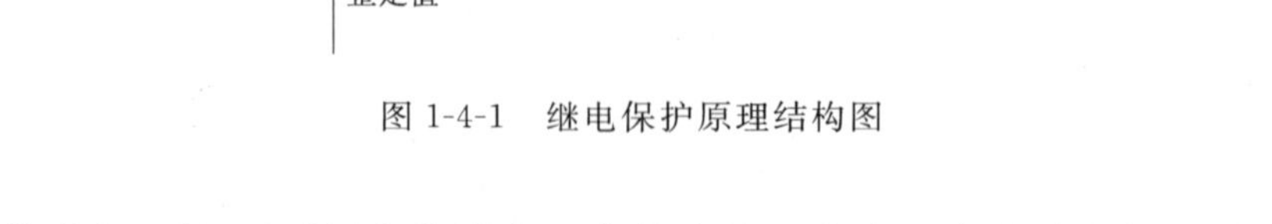

图 1-4-1 继电保护原理结构图

测量部分的作用是：反映被保护设备工作状态的一个或几个有关的物理量。

逻辑部分的作用是：根据测量元件输出量的大小，性质，组合方式或出现次序判断被保护设备的工作状态以决定保护是否应该动作。

执行部分的作用是：根据逻辑部分所作出的决定执行保护的任务。

1.4.2 对继电保护装置的基本要求

（1）可靠性：要求继电保护装置在电力系统发生故障时能可靠地动作，而在正常运行时不发生误动。

（2）选择性：能可靠地选择离故障点最近的断路器动作切除故障。

（3）快速性：在电力系统发生故障时能快速切除故障以减少故障元件的损坏程度及对电力系统的影响。

（4）灵敏性：能可靠地反应于要求动作的故障，但灵敏性太高，保护易产生误动，需与选择性配合调整其灵敏性。

1.4.3 主保护、后备保护、辅助保护和异常运行保护

（1）主保护是满足系统稳定和设备安全要求，能以最快速度有选择地切除保护设备和线路故障的保护。

（2）后备保护是主保护或断路器拒动时，用来切除故障的保护。

（3）辅助保护是为补充主保护和后备保护的性能或当主保护和后备保护退出运行而增设的简单保护。

（4）异常运行保护是针对被保护电力设备或线路异常运行状态的保护。

1.4.4 若干保护原理简介

（1）差动保护

差动保护的原理见图 1-4-2。

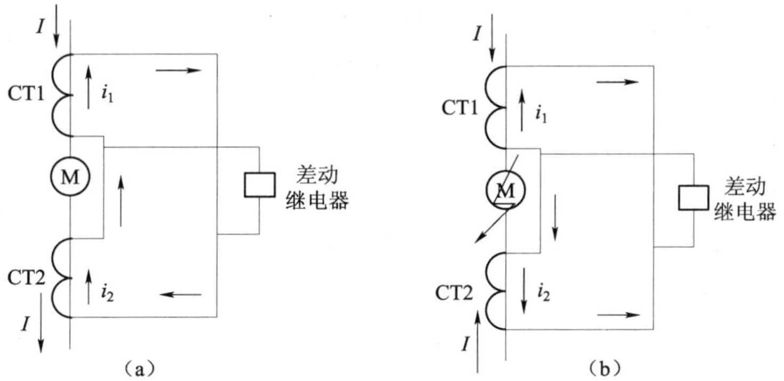

图 1-4-2 差动保护原理图

正常情况下，线路电流为 I，流过 CT1，CT2，其二次侧感应电流 $i_1=i_2$ 并且同向。根据电流方向可知流过差动继电器的电流为零，差动继电器不动作，如图 1-4-2(a)所示。

当在两电流互感器之发生短路时，一次侧电流均流向故障点，导致二次侧电流的平衡被

破坏，i_1与i_2不再同向，根据电流方向，可知有差电流流过差动继电器，继电器动作，保护触发，如图 1-4-2(b)所示。

(2) 距离保护

利用电压与电流的比值($Z=U/I$)，反映短路故障点至保护安装处的阻抗值，当阻抗值小于整定值时动作的保护就是距离保护，距离保护也叫阻抗保护。距离保护结合高频通道，形成高频距离保护，为线路的主保护，通过高频通道向对侧的发信(或者不发信)实现保护范围内线路全线速动。在一般情况下，距离Ⅰ段只能保护本线路全长的80%～85%；第Ⅱ段的保护范围为本线路的全长并延伸至下一线路的一部分，它为第Ⅰ保护的后备保护；第Ⅲ段为第Ⅰ，Ⅱ段的后备保护，它能保护本线路和下一线路的全长并延伸至再下一线路的一部分。

(3) 过电流保护和速断保护

电流系统的输电线、发电机、变压器等元件发生故障时，短路电流显著增大。故障点愈靠近电源，则短路电流愈大。针对这个特点，利用电流继电器组成过电流保护和速断保护，当电流超过整定值时保护就动作，使开关跳闸。

1) 过电流保护：可作为本线路的主保护或后备保护和相邻线路的后背保护。它是按照躲过最大负荷电流整定，动作时限按阶梯原则选择。

2) 速断保护：分为无时限和带时限两种。无时限电流速断保护装置：是按故障电流整定的。电路有故障时，它能瞬时动作，其保护范围不能超出本线路末端，它只能保护线路的一部分。带时限电流速断保护装置：当电路采用无时限保护没有保护范围时，为使线路全长都能得到快速保护，常常采用略带时限的电流速断与下级无时限电流速断相配合，其保护范围不仅包括整个线路，而且深入相邻线路的第一级保护区，但不保护整个相邻线路，其动作时限比相邻线路的无时限速断大一个Δt。

(4) 零序保护

利用线路或其他元件在发生故障时，零序电流增大的特点来实现有选择地发出信号或切断故障的一种保护，相间短路时不会引起零序电流变化。根据测量对象的不同可分为零序电流保护、绝缘检测和零序功率方向保护，其中绝缘检测只作为检查故障相用，不做保护之用。

(5) 短引线保护

对于一个半断路器接线方式，线路停役即线路刀闸断开而开关合环运行时，该线路的主保护已经丧失。这种情况下，为了在CT及线路刀闸(本侧)之间的短路故障(由于开关合环运行，这一故障仍会影响开关站运行)造成的不利影响，设置了短引线保护，在出线刀闸断开时投入，合上时退出，在上述故障情况下快速动作切除故障，短引线保护实际上就是差动保护。短引线保护示意图见图 1-4-3。

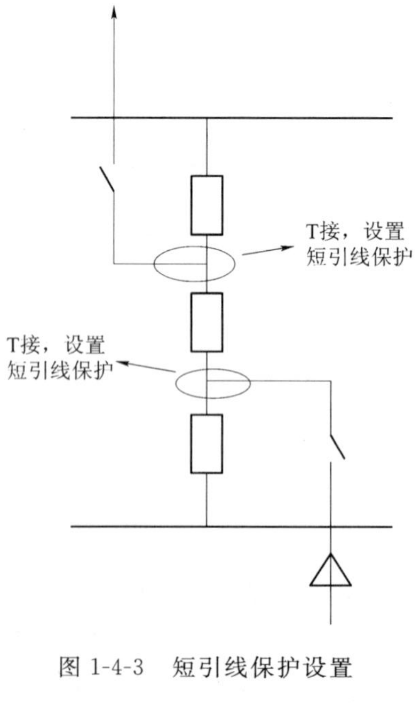

图 1-4-3 短引线保护设置

(6) 断路器失灵保护

当系统发生故障时，该跳闸的断路器由于发生故障而未跳闸，此时由该故障断路器发出跳闸信号使与其相邻的断路器跳闸，以防事故扩大，这种保护称为断路器失灵保护。断路器失灵保护又作为后备保护。

(7) 断路器断口闪络保护

大型发电机变压器组，在进行同步并列的过程中，断路器合闸之前，作用于断口上的电压，随发电机与系统电势之间角度差 δ 的变化而不断变化，当 $\delta=180^{\circ}$ 时，其值最大，为两电势之和，当两电势相等时，则有 2 倍的运行电压作用于断口上，可能造成断口闪络事故。断口闪络给断路器本身造成损坏，并且可能由此引起事故扩大，破坏系统稳定运行。

为了尽快排除断口闪络故障，在大机组上可装设断口闪络保护，断口闪络保护动作条件是断路器三相断开位置时有负序电流出现。

(8) 发电机—变压器保护配置

发电机变压器价值昂贵，发生故障损失大，一般原则尽可能包罗各种故障、保护越多越好，一种保护不能完全反映各种故障，需要多种保护相互交叉、相互备用，不留死角，所以某一种常见的故障可能有多个保护一起动作或启动，某一种特殊故障只有一种保护起作用。

一般配置

1) 差动保护

发电机差动、变压器差动、发—变差动，作为短路故障主保护，具有很好的选择性，相互备用。

2) 复合电流速断

过流保护，作为短路的后备保护，选择性差，加时间来保证选择。

3) 定子接地保护

当发电机定子和引线发生单相接地时而动作的保护。其作用是当发电机发生单相接地时防止由于接地而产生的电弧损坏发电机定子，或者由于故障扩大发生匝间短路或相间短路而损坏发电机。一般采用零序电压和三次谐波原理构成，按保护定子线圈的范围有 95% 和 100%两种定子接地保护。100%定子接地保护方式有利用三次谐波电压构成 100%定子接地保护和外加交流电源式 100%定子接地保护。

4) 转子接地保护

转子一点接地后，并不构成电流通路，但这时加在励磁绕组对地绝缘上的电压有所增加，有可能发生转子回路的第二点接地，发电机两点接地可能导致发电机剧烈振动，损坏发电机。转子一点接地发信号，两点接地作用跳闸。

5) 发电机负序保护

当电力系统发生单相接地，单相开路或双相开路等故障时，会引起三相负荷电流的不平衡，不平衡的负荷电流流过发电机定子绕组时，会产生负序电流分量。负序电流分量产生一个与转子旋转方向相反的旋转磁场，在转子本体上感应出倍频电流，引起转子发热。基于探测负序电流，达到一定值时跳高压开关的保护称负序保护，其保护目标是发电机。

6) 发电机失磁保护

励磁系统出现故障使转子电流全部或部分消失即称发电机失磁。针对发电机失磁而采取的保护称为发电机失磁保护。发电机失磁不仅对发电机本身而且对电力系统都会产生危害。同步发电机失磁后即处于异步发电机运行状态，定子电流增加引起定子绕组过热，滑差电流引起转子及其相连金属过热。从电力系统吸收无功，引起无功缺额、电压降低。失磁保护动作的最终结果是使机组停止运行。

7）逆功率保护

在汽轮发电机组上，当关闭主汽门，在发电机断路器跳开前发电机将转为电动机运行，此时逆功率对发电机本身无危害，但由于残留在汽轮机尾部蒸汽与长叶片摩擦，会使叶片过热，所以逆功率运行不能超过 3 min，需装设逆功率保护。

一般发电机变为电动机运行，从电网吸取有功功率稳定值为 4%～5.5%额定功率，因此逆功率继电器一般整定为：$\cos\varphi=1$ 时为额定功率的 1%～3%。动作时限为经主汽门全关闭触点控制，延时 1.0 s 动作于解列。不经主汽门的触点控制则延时 10～15 s 动作于信号。根据汽轮机允许的逆功率运行时间，也可动作于解列。

8）失步保护

由于失去励磁或由于外部故障未能切除，发电机与系统失去同步，会发生功率振荡，发电机转速振荡；电流、电压、相位振荡。

9）发电机意外加电压（误上电）保护

发电机在盘车过程中，由于出口断路器误合闸，突然加电压，使发电机异步启动，在国内外曾多次出现过，给机组造成损伤，因此需要有相应的保护，迅速切除电源。一般设置专用的意外加电压保护，可用低频元件和过电流元件共同存在在判据瞬间跳闸动作，延时 0.2～0.3 s 返回，以保证完成跳闸过程。该保护正常运行时停用，机组停用后才投入。

10）变压器过励磁保护

现代大型变压器的额定工作磁通密度与饱和工作磁通密度相差不大。磁通密度正比于电压与频率的比值 U/f，当 U/f 增大时，意味着磁通密度增大，使变压器励磁电流增加，尤其在铁芯饱和之后，励磁电流将急剧增大，使变压器铁损增加，铁芯温度升高，同时还使漏磁场增强，使靠近铁芯的绕组导线、油箱壁和其他金属构件产生涡流损耗、发热、引起高温，严重时要造成局部变形和损坏周围的绝缘介质，因此对于现代大型变压器，应装设过励磁保护。

11）变压器瓦斯保护

对于油冷却的变压器，当油箱内发生短路故障时，在短路点电弧的作用下，绝缘油和其他绝缘材料因受热分解，产生大量气体，这些气体必然会从油箱流向油枕上部，故障越严重，产生的气体就越多，流向油枕的气流速度也越大，瓦斯保护就是利用这种气流来触发保护装置瓦斯继电器动作跳闸，简称重瓦斯保护。

如果内部故障是局部放电或铁芯故障，造成过热，分解绝缘油，产生气体通向油箱上部，流过连接管道而聚集在瓦斯继电器油腔上部迫使油位下降，使浮子接通而发生报警信号，简称轻瓦斯保护。

当油箱漏油导致油位过低时也会触发瓦斯保护动作。

1.4.5 自动重合闸

架空线路是电力系统中最容易发生故障的部位，因此如何提高输电线路工作的可靠性，就成为电力系统的重要任务之一。电力系统运行实践表明，架空线路故障大都是瞬时性的。

例如：由雷电引起绝缘子表面闪络，大风时导线短时间相碰，鸟类以及树枝等物落在导线上引起短路等。根据继电保护与安全自动装置动作统计，220 kV 和 500 kV 线路故障中，单相接地故障占总故障次数的 70%～90%。

如果把已断开线路再重新合上（瞬时性故障），能够恢复正常的供电，这样大大提高供电的可靠性。为此，在电力系统中采用了自动重合闸装置，即当断路器跳闸不对应启动之后，能够自动地将断路器重新合闸的装置。

（1）自动重合闸的作用

1）在高压输电线上，可提高电力系统的稳定性。

2）对于由断路器本身机构不良或继电器保护误动作而引起的跳闸，起到纠正作用。

3）当继电保护实现重合闸前加速方式时，可以由重合闸再次合闸纠正。

（2）自动重合闸装置的分类

自动重合闸装置，按照不同的特征分类有以下几种：

1）按重合闸的作用对象，可分为线路、变压器和母线重合闸。

2）按重合闸的动作方式，可分为机械和电气式重合闸。

3）按重合闸作用于断路器的方式，可分为三相、单相和综合重合闸，对双回线路还有多相重合闸。

4）按重合闸动作次数，可分为一次和二次重合闸。

5）按重合闸和继电保护的配合方式，可分为保护前加速、保护后加速和不加速保护的重合闸。

6）按重合闸的使用条件，可分为单侧电源和双侧电源的重合闸。

复习思考题

1. AP1000 厂内配电系统的设置遵照什么原则？
2. 电气设备标识采用什么方式？
3. 厂内主要电气设备采用什么方式接地？
4. 继电保护的基本要求是什么？

第二章 厂外电源系统

2.1 概 述

开关站和厂外电力系统(ZBS)由500 kV电气系统和220 kV辅助电源系统组成。500 kV电气系统通过42 km架空线接入临海变电站;220 kV辅助电源通过26 km架空线接入悬渚变电站。接入系统示意图见图2-1-1和图2-1-2。

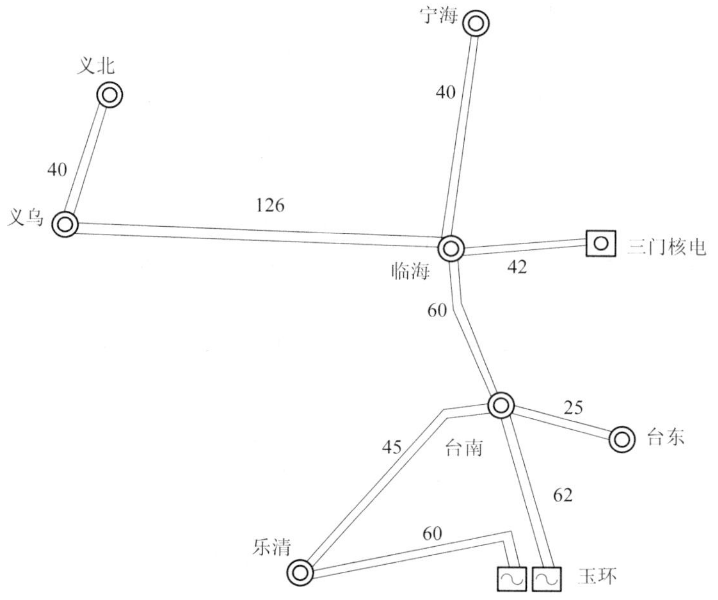

图2-1-1 三门核电一期机组500 kV接入系统示意图

500 kV开关站与220 kV开关站都采用室内布置,两开关站之间布置有网控楼。网控楼内设有控制室,在GIS厂房内设有就地控制柜。布置简图见图2-1-3。

500 kV及220 kV升压站设备正常运行均采用网络微机监控系统(简称NCS)控制,NCS有关设备均布置在网控楼内。

监控系统采用双网结构,整个系统内计算机之间以双以太网互联。整个监控系统分为两层:站级控制层与间隔级控制层。站控层计算机系统中的人机工作站布置在网控楼控制室内,主计算机及网关等相关设备布置在500 kV及220 kV继电器室内。间隔层测控系统布置在500 kV及220 kV继电器室内,通过光纤或同轴电缆与控制层的主机通信。一期工程留有DCS、SIS等系统的通信接口。当计算机监控站级控制层停运时,在继电器室内的I/O测控屏上可对500 kV和220 kV所有断路器、电动机构的隔离刀闸实现一对一的操作。

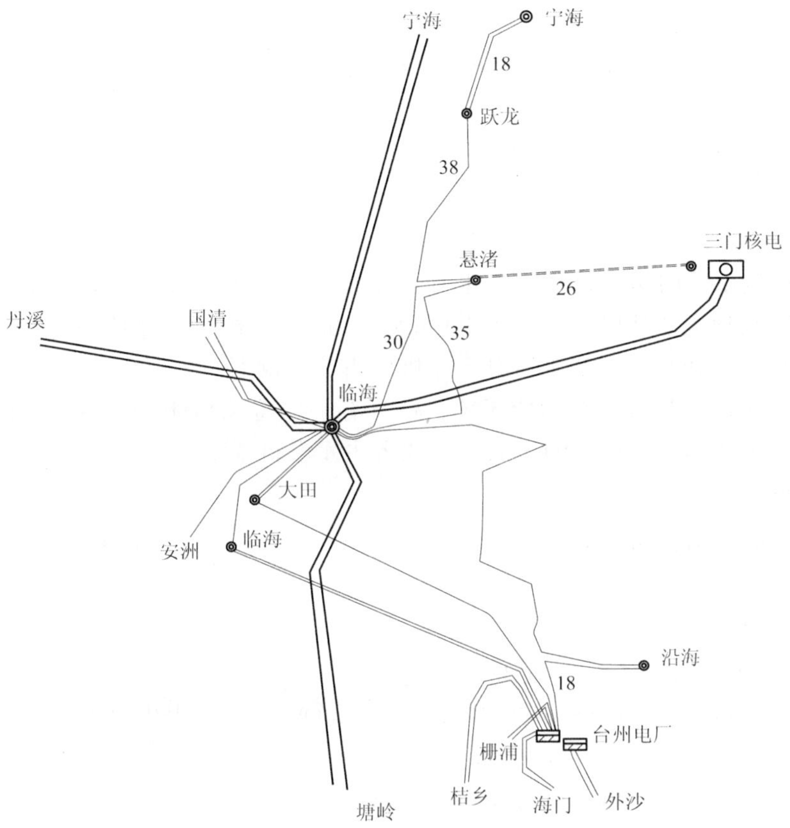

图 2-1-2 三门核电一期机组 220 kV 辅助电源接入系统示意图

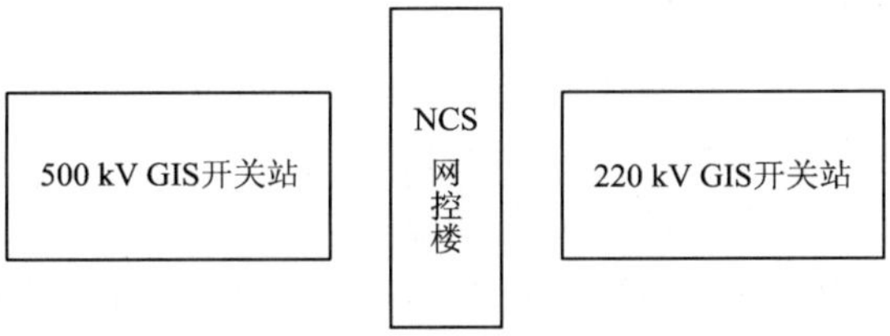

图 2-1-3 ZBS 布置简图

网控楼内设置 380 V 配电装置，为控制和网控楼、升压站及厂区照明提供 380/220 V 电源。

500 kV 及 220 kV 系统设置一套 110 V 直流电源设备，供两者的保护和控制设备使用，设有 2 组 110 V 阀控式密闭铅酸蓄电池，每组 51 只，8 h 放电容量为 400 Ah，每组蓄电池配 1 台充电器，其额定输出电流为 100 A。另外，尚有 1 台充电器为 2 组蓄电池备用，备用充电器只能同时投入一组母线以免造成两组直流母线误并列。

500 kV 及 220 kV 系统配备一套 20 kVA 的 UPS 装置。主要供保护信息管理子站、计量系统、远动终端装置屏及通讯系统等。UPS 的主机柜、旁路柜和配电柜布置在 110 V 直流及 UPS 配电内。

2.2 500 kV电气子系统

2.2.1 系统概述

2.2.1.1 功能

500 kV电气系统的功能是作为发电和配电的连接枢纽，一方面接受发电机发出的电能，通过架空出线把电能从电厂输送到电网；另一方面，在机组起停期间，500 kV作为优先电源，通过主变压器和高压厂变压器对起停机厂用负荷供电。

500 kV电气系统与核安全功能无关。但具有一项特殊功能：电厂在运行中，发生汽轮机跳闸（非电气故障），主泵（RCP）可从电网或者主发电机系统获得至少3 s的电能。

2.2.1.2 简图

500 kV系统简图见图2-2-1。

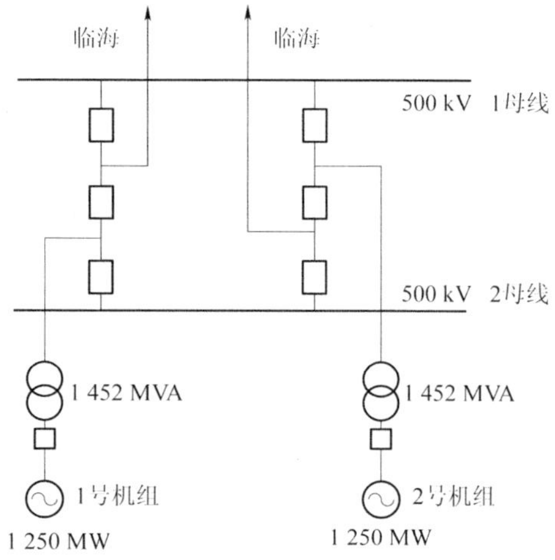

图2-2-1 500 kV接线简图

2.2.2 系统描述

三门核电一期工程的500 kV GIS开关站是采用新东北电气公司生产的ZF15-550GIS设备。开关站的接线方式为“一个半断路器接线”，一期工程接线方案目前为2进2出，并预留远景接线端口。GIS开关站控制室设在网控楼内，GIS厂房内设有就地控制柜（LCP柜）。

2.2.2.1 一个半断路器接线的特点

一个半断路器有两套母线，每一支路经一台断路器接至一组母线，两个支路间有一台断路器联络，组成一个“串”电路，故而得名一个半断路器接线或二分之三接线。正常运行时，两套母线同时工作，所有断路器均闭合。一个半断路器的接线有以下特点。

（1）运行灵活可靠。正常运行时成环形供电，任意一套母线发生短路故障，均不影响各支部供电。

（2）操作方便。隔离刀闸只起隔离电压作用，避免用隔离刀闸进行倒闸操作。任意一个断路器或母线检修，只需拉开对应的断路器及隔离刀闸，各支路仍可运行。

（3）一般情况下，一个母线侧断路器故障或拒动，只影响一个支路工作。只有联络断路器故障或拒动，才会造成两个支路停电。

（4）为提高可靠性，防止同名回路（指两个变压器或两回供电线路）同时停电，应将同名回路接到不同串上。通常是电源与引出线接到同一串上。

（5）一般采用“交替布置”原则，即重要的同名支路交替接入不同侧母线。这样布置，可避免联络断路器检修时，因同名支路串的母线侧断路器故障，使同一侧母线的同名支路一起断开。

(6) 一个半断路器接线的二次线和继电保护比较复杂，投资较大。

(7) 接线至少应有三个“串”（每“串”为三个断路器）才能形成多环接线，使其优点更突出；只有两个“串”时，则属于多角形接线。

2.2.2.2 500 kV 进线和出线

500 kV 开关站出线侧与架空线连接送至临海变电站，进线侧（主变压器至开关站线路）用气体绝缘母线（GIL）连接。

2.2.2.3 500 kV 配电装置

500 kV 配电装置采用一个半断路器接线方式，1/2 号机组为两进两出。配电装置采用分相隔离式，SF_6 绝缘，全金属封闭式电器（GIS）。封闭电器的外壳和导体均由铝材制成。除出线架空处的避雷器外，所使用的 500 kV 配电装置内电气设备均为金属全封闭电器，用 SF_6 气体作为绝缘和灭弧介质。

整套 GIS 装置分为若干密封气室，以减少内部电弧对相邻元件的影响，并限制每个可拆卸段的气体体积。每一个可拆卸段上均设有一套安全减压装置及补气、排气阀门。在 GIS 设备就地设有控制柜，可对所有的断路器、隔离刀闸、接地刀闸进行就地操作。

为了满足保护双重化的要求，断路器具有 2 个跳闸线圈；2 个压力（包括气体压力和油压）继电器；在 2 套跳闸回路间设有公共的电气关联，且每一套分闸装置动作时，或两套装置同时动作时均能保证设备的机械特性。

每个断路器两侧均配有相应的电流互感器，二次侧引线通过一个气密室式套管的地板接出，并用金属箱体保护（CT 端子箱）。出线侧接地刀闸采用快速接地刀闸。在 GIS 母线上装有氧化锌避雷器。在 GIS 出线套管与出线门架之间装有独立式氧化锌避雷器。

母线电压互感器采用单相，有三个二次绕组；出线电压互感器采用三相，有四个二次绕组，进线电压互感器采用三相，有三个二次绕组。

2.2.3 主要设备

500 kV 配电装置主要包括以下几点。

(1) 500 kV GIS 设备及相应辅助设施，包括断路器、隔离刀闸、接地刀闸、电流互感器、电压互感器、母线、避雷器、出线套管等。

(2) 两回从主变压器高压侧连接至配电装置的气体绝缘管道母线。

(3) 两回出线回路中的敞开式避雷器。

除出线侧避雷器外，其余 500 kV 配电装置内设备均以 SF_6 气体为绝缘或灭弧介质。连接主变压器和 GIS 的气体绝缘管道母线（GIL）也以 SF_6 气体作为绝缘介质。

2.2.3.1 断路器

断路器采用新东北电气公司和 ABB 公司合作生产的 SP 断路器，直动式双断口结构，灭弧为吹气式，采用单一压力技术，当动触头动作跳闸瞬间，SF_6 受压缩吹灭电弧。操动机构采用 HBM-8 型液压弹簧储能。断路器和操动机构的简图见图 2-2-2 和图 2-2-3。

额定参数：

(1) 额定电流：5 000 A

(2) 标称电压：500 kV

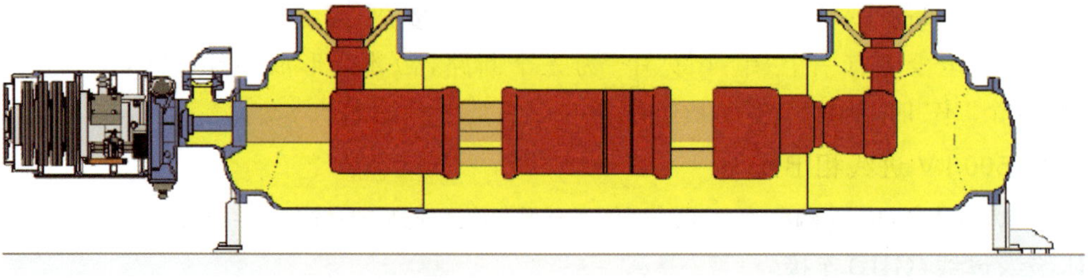

图 2-2-2 SP断路器简图

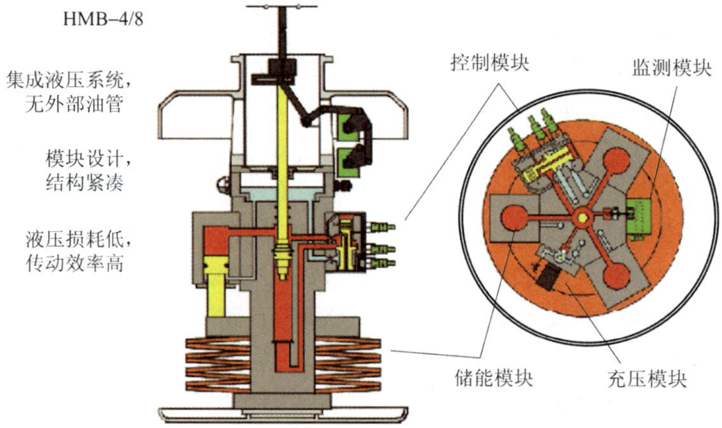

图 2-2-3 HBM-8断路器操动机构结构简图

(3) 最高运行电压：550 kV

(4) 额定频率：50 Hz

(5) 额定短路耐受电流(峰值)：170 kA(暂定)

(6) 额定关合电流(峰值)：170 kA(暂定)

(7) 额定短时发热耐受电流(r. m. s)：63 kA/3 s

2.2.3.2 隔离刀闸

隔离刀闸带电部分由盆式绝缘子支撑，操作机构为电动。隔离刀闸简图见图 2-2-4。

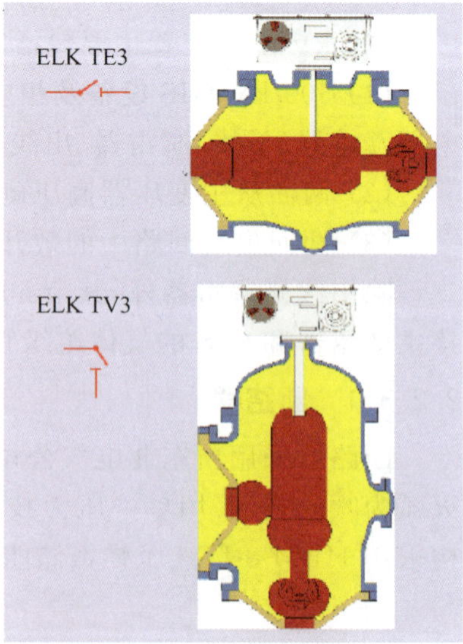

图 2-2-4 隔离刀闸简图

2.2.3.3 接地刀闸

接地刀闸有两种类型：常规接地刀闸和快速接地刀闸。常规接地刀闸位于断路器两侧及“T”接点以及GIL1号、2号主变压器侧，用于断路器检修、“T”接点检修、GIL 1号、2号主变压器检修，通常称为检修接地刀闸。常规接地刀闸的操作控制只能在操作机构箱内就地机械手动操作。

快速接地刀闸用于进出线路及母线检修，它具有闭合接地短路电流的能力。通过弹簧使动触点闭合的速度加快。在就地 LCP 柜上控制，配置为单相电动弹簧操作机构，合闸时电机储能弹簧释放，分闸时电机操作。快速接地刀闸和常规接地刀闸见图 2-2-5 和图 2-2-6。

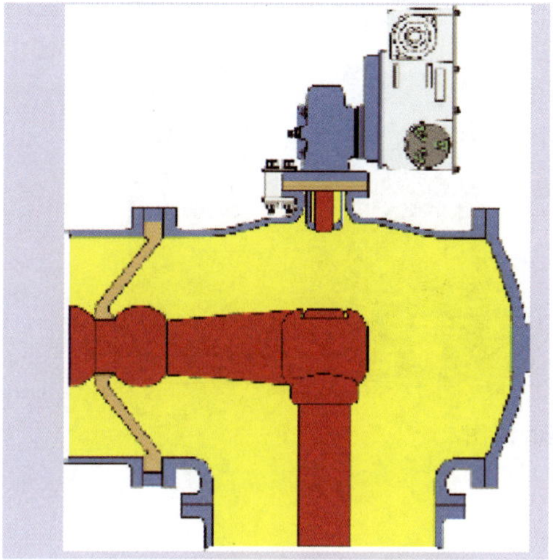

图 2-2-5　快速接地刀闸简图

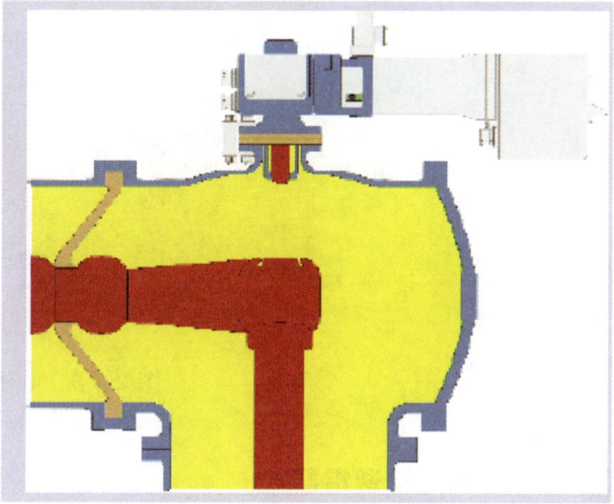

图 2-2-6　常规接地刀闸简图

2.2.3.4　电流互感器

装配在铝外壳的内部，其一次侧为外壳内的母线，二次线圈为环氧树脂浇注，是在工厂内组装在专门的外壳上的，见图 2-2-7。

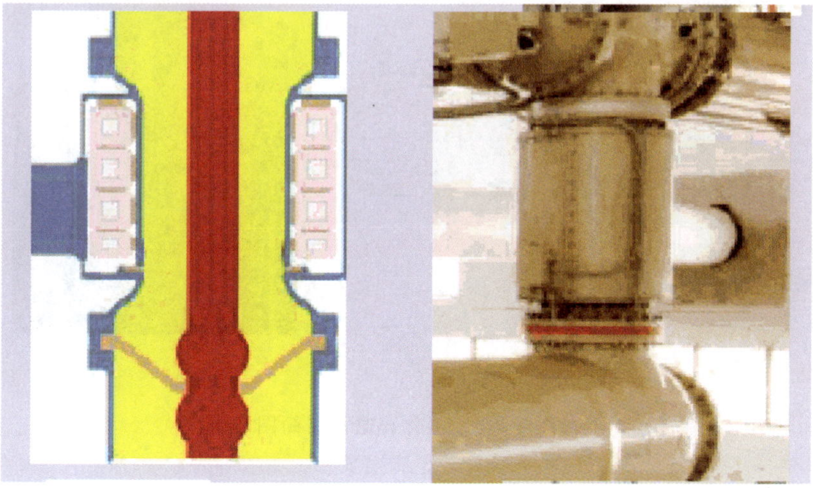

图 2-2-7　电流互感器简图

2.2.3.5　电压互感器

二次线圈装设在 SF_6 气体的密封外壳内，为一单独的气室，出厂时已经装配好，现场为整体安装，见图 2-2-8。

图 2-2-8 电压互感器简图

2.2.3.6 氧化锌避雷器

母线避雷器与主变压器高压侧避雷器都是阀片装在密封壳内的一个环氧机树脂套筒内，在出厂时已经装配好，现场为整体安装，见图 2-2-9。

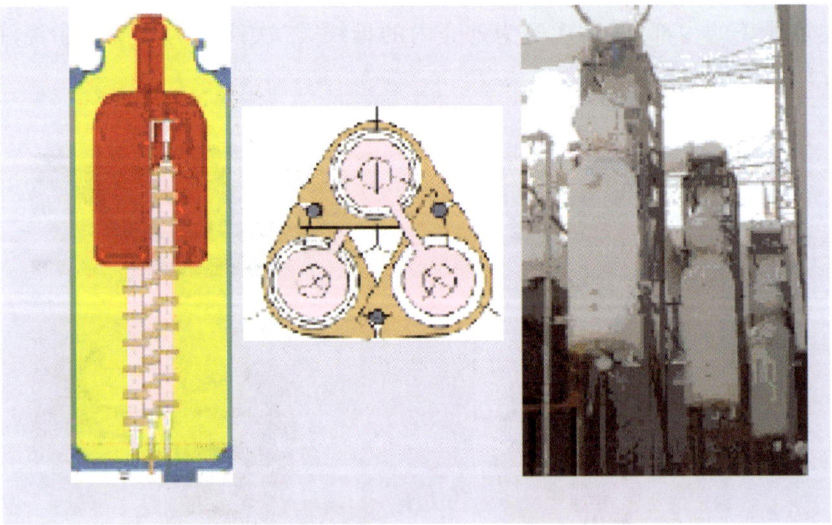

图 2-2-9 氧化锌避雷器简图

2.2.4 系统运行

（1）正常运行

1）正常发电运行

在机组和电网都处于正常运行期间，发电机送出的电能经由 500 kV 配电装置和出线线路输送至电网。母线 1 和母线 2 都投入运行，两回出线和两回进线两侧的断路器以及相应的隔离刀闸都出于闭合状态。

500 kV 系统运行电压由每个连接的机组主变压器内的分接头切换开关调节（无载调压）。发出的功率由每台机组控制，尽可能满足电网的需要。

2）正常启停机运行

正常启动：出线和被启动机组进线两侧的断路器以及相应的隔离刀闸都处于闭合状态。被启动机组发电机出口断路器断开，启动所需厂用负荷由 500 kV 系统经主变压器和高压厂变压器的优先电源供电。

正常停机：被停运机组发电机出口断路器断开，停机所需厂用负荷由 500 kV 系统经主变压器和高压厂变压器的优先电源（当 500 kV 系统故障时，则由 220 kV 系统的备用电源供电），通过逐渐减负荷至零来实现机组停机。

3）接通一条线路

接通一条带电线路可在网络控制室通过同期闭锁装置进行接通。

（2）电厂瞬态和事故运行

1）出线线路过负荷运行

只有电功率表能显示线路过负荷，此时运行人员必须采取所有必需的行动来降低负荷。

2）进出线回路故障

在两台有关的断路器单相或三相跳闸后，取决于故障的类型，指令第一台选定的断路器自动重合闸，经过一定时间，如果故障已消失，指令第二台断路器自动重合闸；如果故障未消失，第一台断路器三相跳闸，两台断路器均保持在三相断开位置。

3）一路控制电源失电

双路控制电源中的一路故障，导致两套保护装置中一套不起作用，断路器不能合闸。

4）低压电源故障

低压电源故障时导致操作机构无法储能，断路器不能合闸。

（3）特殊运行工况

1）一回进线或一回出线出于检修状态

检修前，需短时断开与进线或出线连接的两组断路器、隔离刀闸以及进线或出线的隔离刀闸，以便待检修线路退出运行。为了提高运行安全性，检修时停运线路两侧的断路器处于合闸状态，但隔离刀闸处于打开位置，该线路的接地刀闸闭锁在闭合位置，以符合设备和人身安全的要求。

2）一条母线处于检修状态

检修时，母线用隔离刀闸与其余设备断开然后接地。接地刀闸锁在闭合位置。在这段时间只有一组母线可用，一旦一条线路发生故障，就有失去一台机组的风险。

3）一个断路器处于检修状态

断路器检修时，与断路器连接的隔离刀闸分断，待检修断路器两端接地刀闸闭锁在闭合位置。如与母线连接的断路器检修，一旦检修串线路发生故障，就有失去一台机组的风险。

2.2.5　系统保护

500 kV 系统配置有线路保护、断路器保护、母线保护、远方跳闸逻辑回路等。请参见 500 kV系统保护配置图 2-2-10。

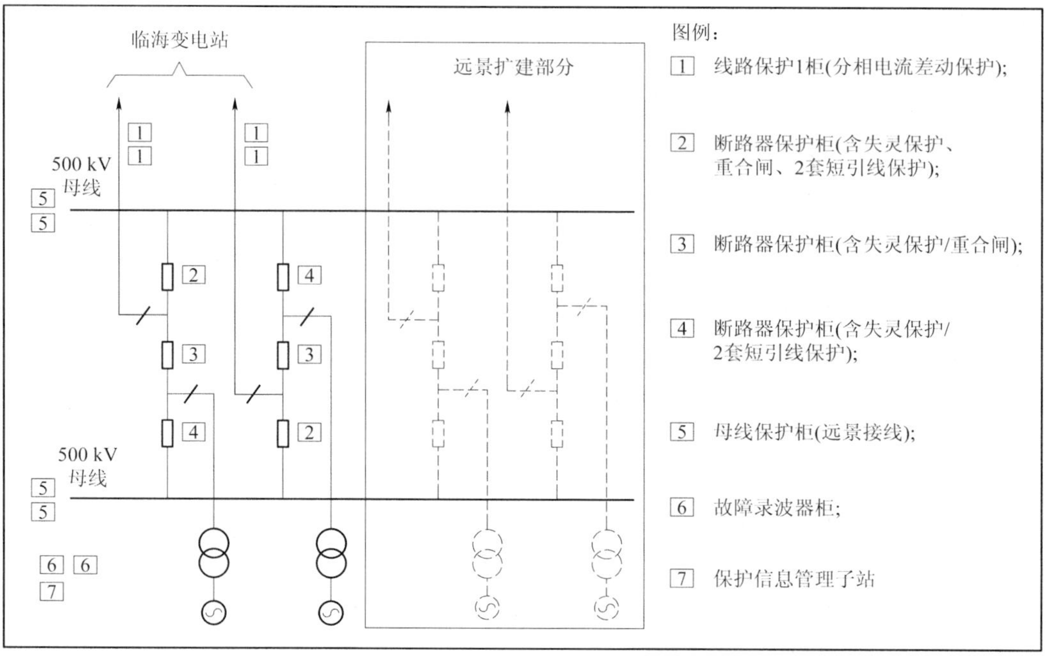

图 2-2-10 500 kV 系统保护配置图

（1）线路保护：500 kV 线路每回出线配置两套分相电流差动主保护。能快速有选择地切除各类故障（包括单相接地、两相接地、三相短路、非全相运行故障及转移故障等）。后备保护为阶段式相间距离保护和接地距离保护。

（2）断路器保护：每只断路器配置一面断路器保护柜，线路母线侧断路器包含有失灵保护、自动重合闸和两套短引线保护，中间断路器包含失灵保护和自动重合闸，发变组母线侧断路器包含失灵保护和两套短引线保护。重合闸只实现一次重合闸。短引线保护采用电流速断元件，当线路或者发变组停役时需要投入短引线保护以保护断路器之间的短引线。

（3）母线保护：每组母线配置两套母线差动保护，母线保护不设置电压闭锁。

（4）500 kV 故障录波器：配置 500 kV 故障录波器柜，记录各回线路的电流、电压量、开关位置信号、故障信号、保护装置及通信通道运行情况等。

2.2.6 技术参数

500 kV 系统参数请参见表 2-2-1。

表 2-2-1 500 kV 系统参数

名 称	数 值	名 称	数 值
标称电压	500 kV	额定电流	5 000 A（断路器）；5 000 A（母线）
系统最高电压	550 kV	断路器开断能力	63 kA/3 s
系统运行电压范围	(535±2)×2.5% kV	类型	户内 500 kV SF_6 GIS
额定频率	50 Hz		

2.3　220 kV 电气子系统

2.3.1　系统功能

220 kV 电源是机组的辅助电源，在机组正常启动和停机过程中作为优先电源 500 kV 电源的后备电源。当失去优先电源时，厂用负荷切换到辅助电源（220 kV 电源）。在机组正常运行时，如中压母线失去厂用进线电源，则切换至辅助电源供电。

2.3.2　系统描述

220 kV 系统采用双母线接线方式，采用屋内 GIS 设备。一期以一回路 220 kV 线接入 220 kV悬渚变，作为全厂的外部辅助电源和检修电源。远景规划共有两条线路连接至220 kV电网，考虑采用同杆双回架设。除架空线用避雷器外，所使用的 220 kV 电气设备均为气体绝缘金属封闭开关设备（GIS），用 SF_6 气体作为绝缘和灭弧介质。220 kV 开关站简图如图 2-3-1 所示。

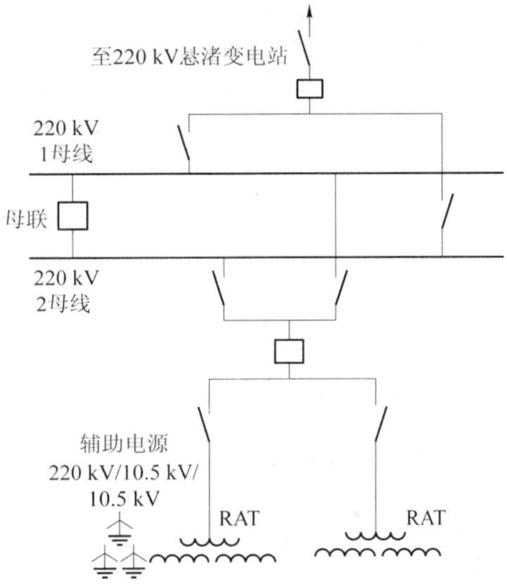

图 2-3-1　220 kV 开关站简图

三门核电工程 220 kV 线路的配置暂定为前 4 台机组新建一回线路，最终规模 5～6 台机组时，考虑新建第二回 220 kV 备用线路。220 kV 线路的容量按 4 台机组最大可能需求容量考虑：一台机组优先电源接入设施故障导致厂用负荷由厂变压器快速切换至辅助变压器，此时辅助变压器带完整厂用负荷，辅助变压器的额定容量为88 MVA，所以负荷按照 88 MVA×2＝176 MVA 考虑；另外三台机组中一台机组正常运行，一台机组计划停堆，另一台机组非计划停堆，上述停堆检修机组所需负荷电源取自辅助变压器。所需备用电源容量按照保守估计 1 407×2%＝28 MVA，两台为56 MVA。因此设计 220 kV 启备电源线路容量为 176 MVA＋56 MVA＝232 MVA。

2.3.3　主要设备

220 kV 配电装置是由西开电气生产的 ZF9-252 型 GIS 设备，包括断路器、隔离刀闸、接地刀闸、电流互感器、电压互感器、母线、避雷器、出线套管等。

三门核电一期共建设一回路 220 kV 出线间隔，两回辅助变压器进线间隔，母联间隔和母线设备间隔，设备示意图见图 2-3-2。

此 GIS 设备的主要特点：

（1）GIS 整体采用三相分箱式结构，主母线共箱；

（2）断路器灭弧室采用自能灭弧原理，液压弹簧操作机构；

（3）断路器可实现三相分箱操作（电气联动）；

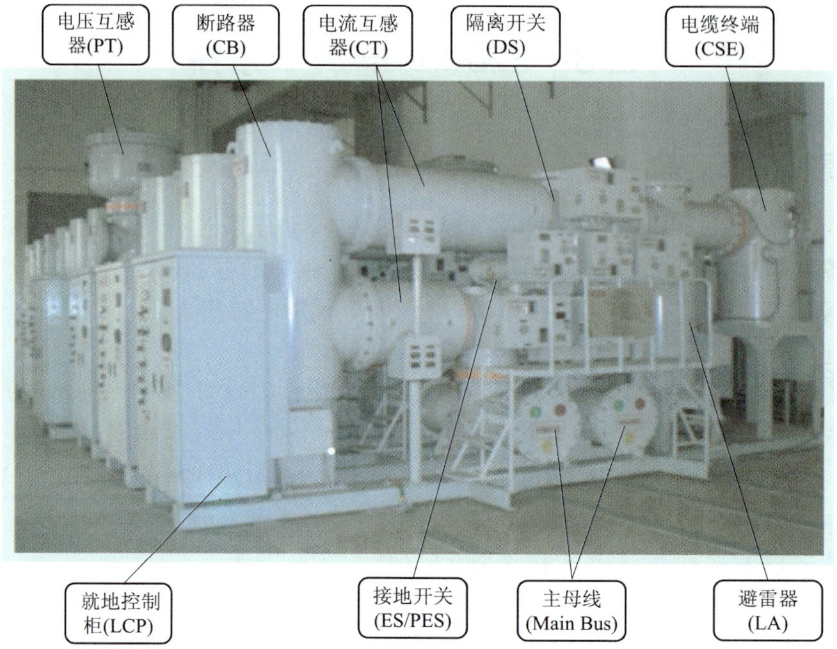

图 2-3-2　220 kV 设备实物图

（4）隔离刀闸、接地刀闸配用电动弹簧机构，快速接地刀闸配用弹簧机构。

2.3.4　系统运行

（1）正常运行

在机组和 500 kV 电网都处于正常运行期间，厂用中压母线的备用进线开关打开，辅助变压器（RAT）回路与厂用负荷处于断开状态。辅助变压器及其电缆连接回路处于空载状态。

电厂运行时如出现故障，导致中压厂用母线失去正常厂用进线电源时，母线快切装置启动，全部厂用负荷转由 220 kV 系统经辅助变压器（RAT）供电。

电厂正常启停机时，发电机出口断路器打开，厂用负荷由 500 kV 系统经主变压器和高压厂变压器的优先电源供电。如这时 500 kV 系统出现故障，则经过切换，由 220 kV 系统通过辅助变（RAT）供电，通过逐渐减负荷直至零来实现机组停机。

（2）电厂瞬态和事故运行

1）进出线回路故障

RAT 进线回路出现故障，则相应回路的断路器跳开，不影响母线和其他回路的运行。

由于本期只有一回 220 kV 线路，线路故障时，220 kV 升压站停运。RAT 进线回路的断路器和隔离刀闸通过控制回路手动打开。

2）母线故障

一条母线故障时，母线差动保护动作，把所有与母线连接的断路器跳开。故障发生后，可选择无故障母线恢复供电，220 kV 系统以单母线接线方式运行。

3）一路控制电源失电

双路控制电源中的一路故障，导致二套保护装置中的一套不起作用，断路器不能合闸。

4）低压电源故障

低压电源故障时导致操作机构无法储能，断路器不能合闸。

(3）特殊运行工况

1）一回进线或一回出线处于检修状态

进/出线回路中断路器和与母线连接的两组隔离刀闸处于打开位置，该回路的接地刀闸闭锁在闭合位置，以符合设备和人身安全的要求。

由于本期只有一回 220 kV 线路，线路回路设备检修时，220 kV 升压站停运。

2）一条母线检修

一条母线检修时，可通过母线侧隔离刀闸的倒闸操作，在不停电情况下完成母线负荷的转移。在倒闸过程中有短时的母线并列运行工况。一条母线检修时，220 kV 系统为单母线接线方式运行。

2.3.5 系统保护

线路保护：220 kV 线路每回出线配置两套分相电流差动主保护。能快速有选择地切除各类故障（包括单相接地、两相接地、三相短路、非全相运行故障及转移故障等）。

母线保护：设置母线差动保护。

2.3.6 技术参数

220 kV 技术参数如表 2-3-1 所示。

表 2-3-1 220 kV 系统参数

名 称	数 值
标称电压	220 kV
系统最高电压	252 kV
系统运行电压范围	220～227 kV
额定频率	50 Hz
额定电流	2 000 A（断路器）；2 000 A（母线）
断路器开断能力	40 kA
类型	户内 220 kV SF_6 GIS

复习思考题

1. 500 kV 电气系统采用何种接线方式？
2. 500 kV 电气系统设置哪些主要保护？
3. 220 kV 电气系统采用何种接线方式？

第三章　厂内电源系统

3.1　主交流电源系统(ECS)

3.1.1　基础知识

3.1.1.1　四类电源含义

(1) 正常电源——ECS系统正常时由电站主发电机供电。

(2) 优先电源——当主发电机不可用时,发电机断路器断开,优先厂用电源是通过500 kV开关站、主变压器和厂变压器供给。

(3) 辅助电源——辅助电源通过两台辅助变压器(RAT)供电给主交流系统。在失去正常和优先电源的事故情况下,主变压器和厂变压器的继电保护动作,自动切换装置将负荷由厂变压器切换至两台辅助变压器。在主变压器检修时也通过辅助电源通过辅助变压器向主交流系统供电。

(4) 备用电源——在正常电源、优先电源、辅助电源均失去的情况下,两台非1E级厂内备用柴油发电机向有特殊保护功能负荷供电。备用电源不要求实现任何安全功能。

3.1.1.2　负荷分类

非安全负载:保证机组启动、正常运行和正常停机的专有的电厂非安全负载。

永久非安全负载:是指机组运行期间或电厂停堆期间,都必须保持运行的非安全负载。

3.1.1.3　负荷供电原则

AP1000负荷供电的基本原则简图3-1-1。

(1) 10.5 kV中压母线供电给功率大于186 kW的中压电机和400 V交流负荷中心。

(2) 400 V交流负荷中心供电给功率(75～186 kW)之间的电机和380 V交流电机控制中心。

(3) 380 V交流电机控制中心向不直接从负荷中心供电的电机、电动阀门、直流充电器提供电源。

(4) 380/220 V交流配电盘供电给各类低压负荷:维修负荷、单元加热器、照明系统等。

3.1.2　系统功能

(1) ECS系统执行唯一安全功能

① 主泵跳闸。

② 接到保护和安全监控系统的信号,ECS系统能切断主泵电源。堆芯补水箱动作时主泵跳闸,因为主泵的连续运行会干扰堆芯补水箱的运行。

(2) ECS执行下列非安全功能

1) ECS系统给下列有纵深防御功能的主要系统供给非1E级交流电源:正常余热排出系统(RNS)、设备冷却水系统(CCS)、化学和容积控制系统(CVS)、主给水和启动给水系统

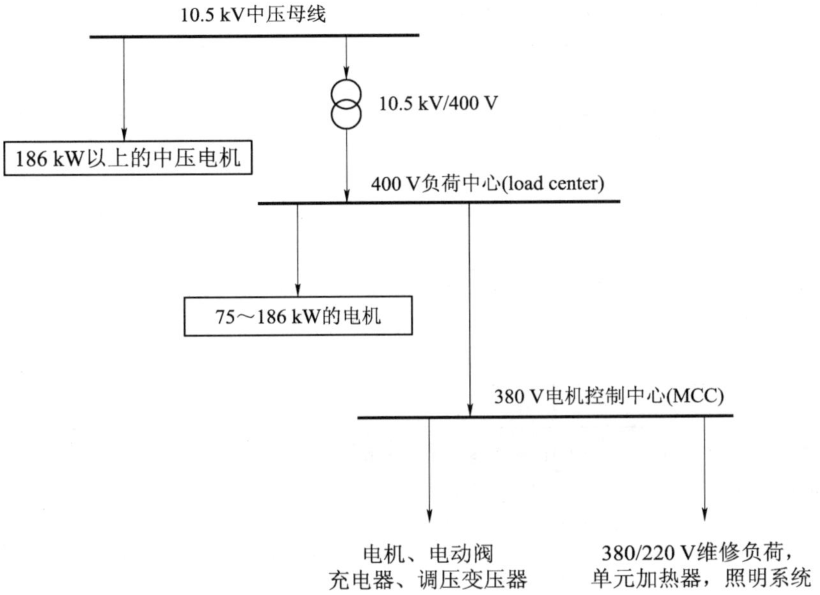

图 3-1-1　ECS 供电原则

(FWS)、厂用水系统(SWS)和中央冷冻水系统(VWS)。

2) 电厂非安全负载和永久非安全负载的正常电源。

3) 事故后 72 h 电源:在失去所有电源的最不可能的事故情况下,400 V 辅助交流发电机供交流电源给事故后 1E 级监测参数的监测、主控室照明、主控室和仪表控制室通风系统、非能动安全壳冷却系统再循环泵(给 PCCWST 和乏燃料池充水)。

4) 事故后监测:ECS 提供信号给保护和安全监控系统的 QDPS 子系统,以进行事故后监测,指示主泵断路器、柴油发电机和稳压器加热器的状态。

5) 甩负荷功能:当失去正常电源、优先电源、辅助电源时,厂用配电母线的低压继电器动作,跳开所连的电动机负荷。

6) 切除稳压器加热器。

3.1.3　系统组成

ECS 系统根据电压、容量由下列系统组成。

(1) 中压(10.5 kV)交流配电系统;

(2) 低压(400 V)交流配电子系统;

(3) 两台 400 V 辅助柴油发电机。

10.5 kV 中压系统的主要负荷

三门 1 号机组配置 8 段主要的 10.5 kV 的中压母线。其中 ECS-ES-3/4/5/6 四段中压母线布置在常规岛厂房;ECS-ES-1/2 布置在附属厂房,厂用备用柴油发电机作为电源备用。ECS-ES-7/8 只有 1 号机组配置,供电给辅助锅炉设备。另外 BOP 范围供电还有四段中压母线 ECS-ES-A/C/E/F,是分别通过 ECS-ES-3/4/5/6 供电的。10.5 kV 中压系统的主要负荷见表 3-1-1。

表 3-1-1 中压 10.5 kV 交流配电系统用电负荷

ECS-ES-1
冷冻机组 A(VWS-MS-01A)、启动给水泵 A(FWS-MP-03A)、CVS 补给泵 A(CVS-MP-01A)、设备冷却水泵 A(CCS-MP-01A)、厂用水泵 A(SWS-MP-01A) 负荷中心 11、12、13、14(ECS-EK-11/12/13/14)
ECS-ES-2
冷冻机组 B(VWS-MS-01B)、启动给水泵 B(FWS-MP-03B)、CVS 补给泵 A(CVS-MP-01B)、设备冷却水泵 B(CCS-MP-01B)、厂用水泵 A(SWS-MP-01B) 负荷中心 21、22、23、24(ECS-EK-21/22/23/24)、闭式冷却水泵 C(TCS-MP-01C)
ECS-ES-3
主泵 1A(RCP-MP-01A)、凝泵 A(CDS-MP-01A)、循泵 A(CWS-MP-01A) 主给水泵 A(FWS-MP-02A)、闭式冷却水泵 A(TCS-MP-01A)、负荷中心 31(ECS-EK-31) 负荷中心 32 供电 HVAC(ECS-EK-32)、BOP 外围中压母线 A(ECS-ES-A)
ECS-ES-4
主泵 1B(RCP-MP-01B)、凝泵 B(CDS-MP-01B)、循泵 B(CWS-MP-01B) 主给水泵 B(FWS-MP-02B)、负荷中心 41(ECS-EK-41)、负荷中心 42 供电 HVAC(ECS-EK-42)、BOP 外围中压母线 C(ECS-ES-C)、制氯系统 A
ECS-ES-5
主泵 2A(RCP-MP-02A)、净凝泵 A(CDS-MP-02A)、闭式冷却水泵 B(TCS-MP-01B) 主给水泵 C(FWS-MP-02C)、低加疏水泵 A(HDS-MP-01A)、BOP 外围中压母线 E(ECS-ES-E)
ECS-ES-6
主泵 2B(RCP-MP-02A)、凝泵 C(CDS-MP-01C)、净凝泵 B(CDS-MP-02B)、制氯系统 B 主给水泵 C(FWS-MP-02C)、BOP 外围中压母线 10(ECS-ES-12)、低加疏水泵 B(HDS-MP-01B)、BOP 外围中压母线 F(ECS-ES-F)
ECS-ES-7
辅助锅炉、负荷中心 71(ECS-EK-71)
ECS-ES-8
辅助锅炉、负荷中心 81(ECS-EK-81)

3.1.4 系统简图

ECS 系统简图见图 3-1-2。

3.1.5 系统描述

主交流电系统的电压等级:10.5 kV、400 V、380 V、220 V。

厂内交流电源系统是非 1E 级系统,由正常、优先、辅助和备用电源组成。正常、优先和辅助电源包含在 ECS 中。两台 10.5 kV 的厂内备用柴油发电机包含在厂内备用电源系统(ZOS)中。

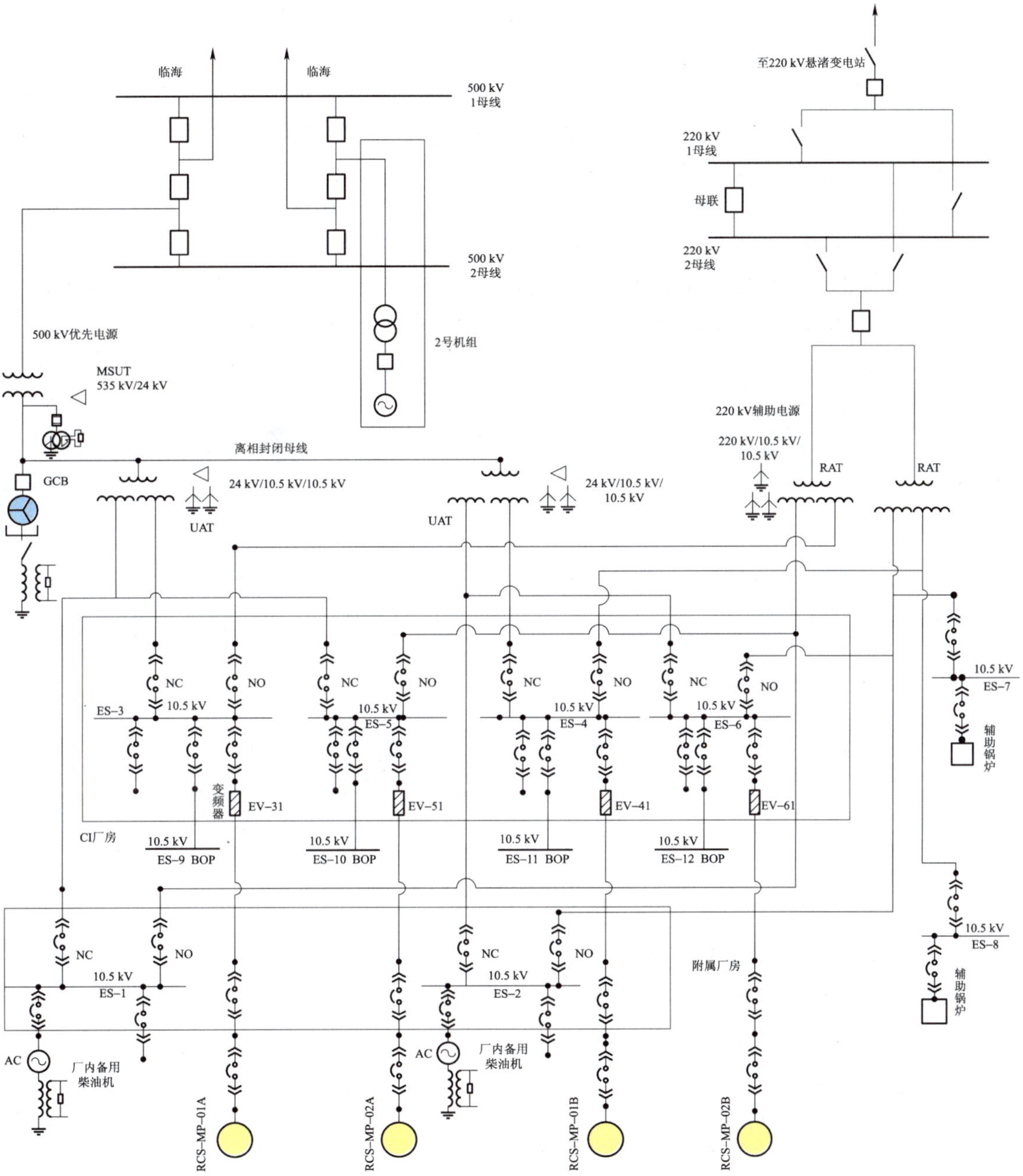

图 3-1-2 ECS 系统简图

四台主泵分别由汽轮机厂房的四段中压母线供电，主泵配备变频装置用于主泵低速启动和在正常功率运行时向主泵提供 60 Hz 电源。每台主泵配两台串联的 1E 级断路器，是 ECS 系统中仅有的 1E 级断路器，以满足主泵安全脱扣的要求。两台主泵连接到同一台蒸汽发生器，由不同的厂变压器供电。

400 V 交流负荷中心供电给选定电机和电机控制中心。在两个完全冗余的交流 400 V 交流负荷中心之间配有母线联络断路器。允许在事故情况下或单个厂用低压变压器检修时给选定负载恢复供电。母联和相应的进线断路器互锁,其中一条进线断路器打开后,联络断路器才能合上。

380 V交流电机控制中心给不直接由400 V交流负荷中心供电的电机供电。380/220 V交流配电盘供电给其他杂散负载,如单元加热器、房间加热器、照明系统。电机控制中心还提供电源给1E级和非1E级蓄电池充电器和UPS系统的调压变压器。

两台400 V非1E级辅助交流柴油发电机,安全等级为AP1000的D级,如图3-1-3所示。整套机组轨道安装,控制方式为手动。在失去其他交流电源72 h后为1E级事故后监测系统、主控室照明、主控室和仪表控制室通风、PCCWST和乏燃料池充水的泵提供电源。辅助柴油发电机的燃料油箱与辅助柴油发电机在同一室内,能满足4天运行,供油简图如图3-1-4所示。

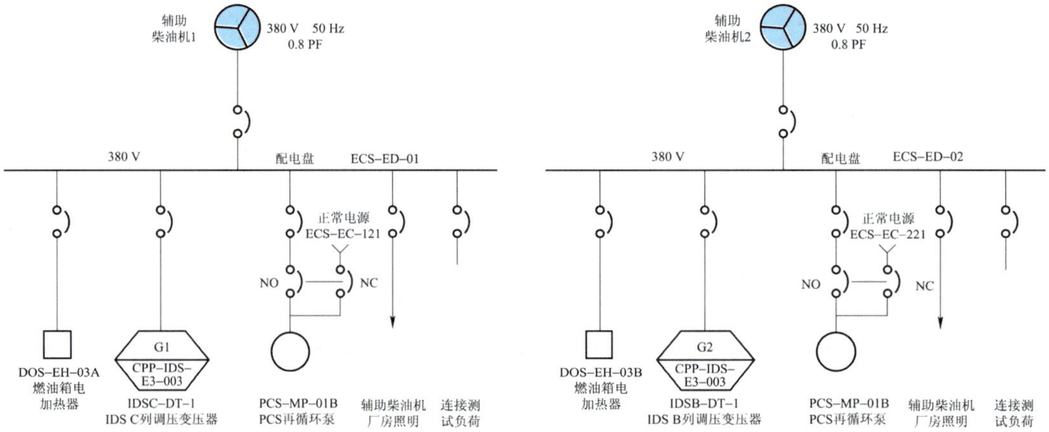

图3-1-3 72 h后辅助柴油发电机

ECS接地方式

(1) 10.5 kV中压系统是通过厂变压器低压侧、辅助变压器低压绕组中性点采用低阻接地。

(2) 380 V低压系统直接接地。

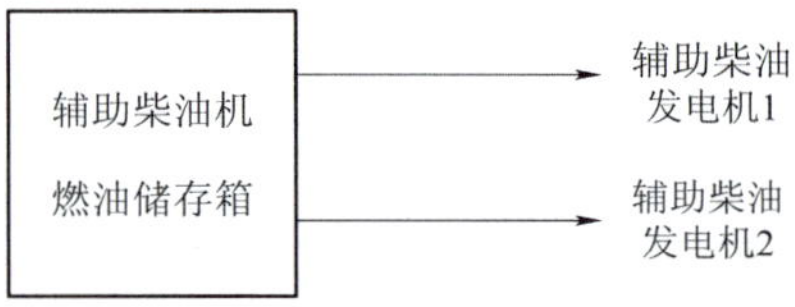

图3-1-4 辅助柴油发电机的燃油供应系统简图

3.1.6 主要设备

(1) 中压开关柜:开关柜的结构根据布置空间要求采用断路器装在各小室的立式结构,各馈线开关都装设浪涌保护器。在控制电源不可用时,中压断路器可手动操作分、合闸。

(2) 1E级主泵断路器:每台主泵设有两台串联6~9 kV的1E级主泵断路器,确保在发生事故时能安全的断开。1E级开关柜为抗震Ⅰ类,制造和安装能承受地震安全停堆和维持特定功能。

(3) 变频器(VFD):用于将50 Hz电源转变成主泵(RCP)电机工作频率电源。

(4) 400 V负荷中心变压器:位于室内的负荷中心变压器为阻燃型、自然循环空气冷却(AA)、3相、10.5/0.4 kV、三角形—星形、通风干式防火变压器。变压器在中压进线侧和低压出线侧装设断路器。变压器中性点装设接地故障保护继电器，同时装设高温和高一高温报警。对于LC，75 kW以上的低压负荷供电回路配置框架断路器，75 kW及以下低压负荷供电回路配置塑壳断路器。每段负荷中心(LC)均设有一组就地手合分的联络断路器。

(5) 380 V电机控制中心：380 V交流电机控制中心向电厂非安全级负载、1E级直流蓄电池充电器，四个1E级通道A、B、C、D的调压变压器和1E级备用蓄电池充电器供电。

(6) 400 V交流辅助柴油发电机：辅助柴油发电机是非安全相关设备，供电给事故后72 h的负载。

3.1.7　系统运行

正常运行时，汽轮发电机通过厂变压器提供厂用电。电站能承受汽轮发电机从100%满功率运行甩负荷至孤岛运行。

电站启动期间，发电机出口断路器断开状态，500 kV厂外电源通过主变压器和两台厂变压器提供厂用电。

电站停闭期间，发电机出口断路器断开状态，500 kV厂外电源通过主变压器和两台厂变压器提供厂用电，或者由220 kV辅助电源供电(维修优先电源状态)。

在UAT或者MSUT或者相连的IPB故障时通过切换装置自动实现中压母线供电从厂变压器切换到辅助变压器。在正常情况下，由于系统运行而需要进行厂变压器到辅助变压器切换的(反之亦然)，通过在检同期下手动操作来实现。

在失去主发电机和优先电源并且切换装置无法切换时，母线ES1和ES2电源由连接到10.5 kV上的厂内备用柴油发电机提供，这两条母线进线断路器设置了连锁机构防止与正常电源、优先电源和辅助电源同时连接。10.5 kV备用柴油发电机带载前，自动卸载程序将所有连接到母线的电机和进线馈线断路器跳闸。柴油发电机启动后，电厂管理系统/数据显示系统(PLS/DDS)控制柴油发电机带载。柴油发电机不向汽轮机厂房的ES3、ES4、ES5和ES6母线供电。辅助锅炉运行时，闭锁厂用电切换。

在发生全厂交流电源(包括厂内备用柴油发电机)超过72 h的非预期事件时，400 V辅助柴油发电机启动。

3.1.8　厂用电切换

(1) 快速切换：在失去正常和优先电源的事故情况下，UAT和MSUT的继电保护动作，自动切换装置将10.5 kV进线电源断路器由厂变压器(UAT)快速切换至两台辅助变压器(RAT)。快速切换时检同期。

(2) 残压切换：当快速切换失效时，启动残压切换。即10.5 kV两进线断路器之间的切换带有一定的延时。残压切换为快速切换的备用，切换时不检同期。以上两种切换方式都是先断后通的原则。

(3) 手动切换：在正常情况下，手动切换10.5 kV的进线断路器从厂变压器至辅助变压器(或从辅助变压器切换至厂变压器)，切换时检同期，遵循先通后断的原则。

具体的切换逻辑可以参照专题章节中的厂用电切换。

3.1.9 ECS系统继电保护

(1) 中压子系统

中压子系统的保护配置如图3-1-5所示。

1) 电源进线

每段母线的正常电源是由厂变压器Y形的二次侧提供，厂变压器中性点通过低电阻接地限制接地电流在1 000 A以下。

配置保护：51、51G(带时限的相间/接地过流保护)；25(检同期)和27(低电压)保护。保护装置(图3-1-6)同时包括电流、电压、有功和无功表计进行就地和远方显示。另外过/低电压保护(59S/27S)安装在中压开关柜进线柜的线路侧，提供不正常状态报警信号到MCR。

每个进线断路器设置51(相间带时限过流保护)，切除过负荷和相间故障。最小的动作值=1.2×(母线需求负荷－最大电机的负荷＋最大电动机的启动要求)。这种设置能保证母线满载的时候母线上最大容量电动机的成功启动。进线断路器的带时间过流保护(51)还是母线差动和所有出线过电流保护的后备，在最大三相短路故障时保证最小延时0.2 s动作。

进线断路器通道的51G(带时限接地过流保护)，满足快速清除母线接地故障，同时又能和下游变压器中性点接地过电流保护配合，在最大三相短路故障时保证最小延时0.2 s动作。

2) 中压母线开关柜

每一段中压母线开关柜装设三类低电压(27B1、27B2、27B3)继电器和母线差动保护继电器(87B)。

低电压继电器(27B1)动作值约75%U_N，小于电动机启动时最小经验电压值。延时(大约3 s)动作跳开所有的电动机，使用二取二的原则。

低电压继电器(27B2)动作值是30%U_N，使用二取二的原则延时3 s给出残压切换允许信号，跳开中压母线进线断路器。如果一个动作(1/2)，表示熔丝故障。

低电压继电器(27B3)动作值是90%U_N，使用二取二的原则延时30 s报警。

低电压继电器(27S)的定值为30%U_N，与27B2三取三原则时，跳开各自电源进线断路器。

母线过电压继电器(59B)定值为110%U_N报警。

母线差动保护(87B)，所有的断路器都在它保护范围内。

3) 中压母线馈电至中压电机(图3-1-17)

配置保护：50(过流速断)保护电机相间故障；51(相间带时限过流)保护电机过负荷和卡转子工况；50G(接地过流)保护电机接地过流故障跳闸；46(不平衡电流和缺相保护)保护电动机缺相或相间不平衡。49(RTD电阻温度计)用于监测电机是否过热运行，报警功能。

4) 中压母线馈电至低压厂变压器

配置保护：50(过流速断)保护变压器相间故障；51(相间带时限过流)保护变压器过负荷。50G(接地过流)保护变压器接地故障。

(2) 低压子系统

低压负荷中心(LC)和电机控制中心(MCC)是两种不同的低压母线方式。

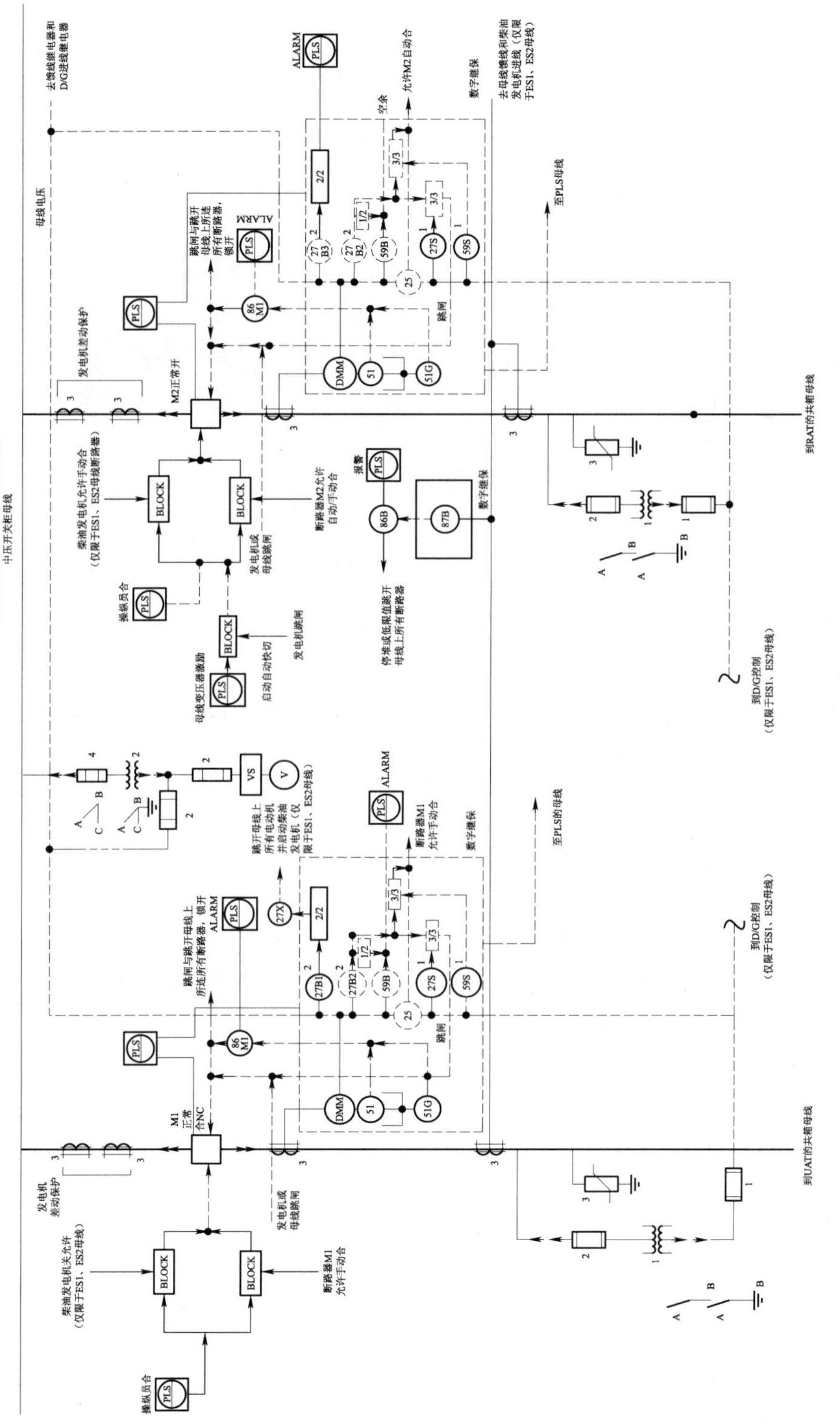

图 3-1-5　中压子系统保护配置

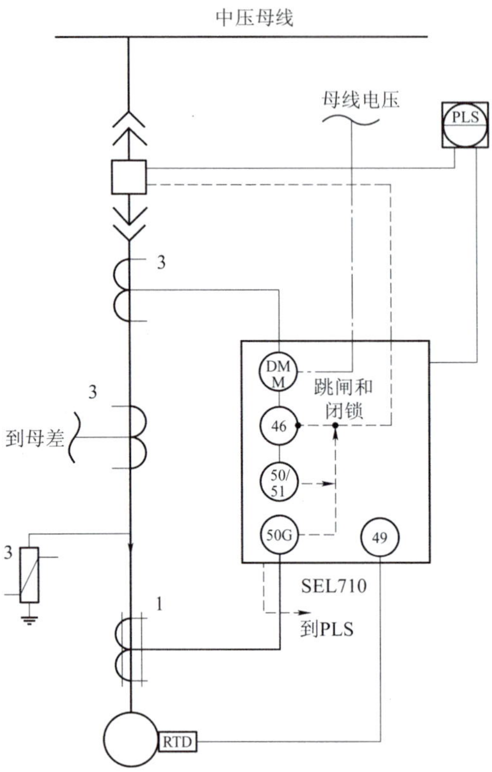

图 3-1-6 中压电机保护配置

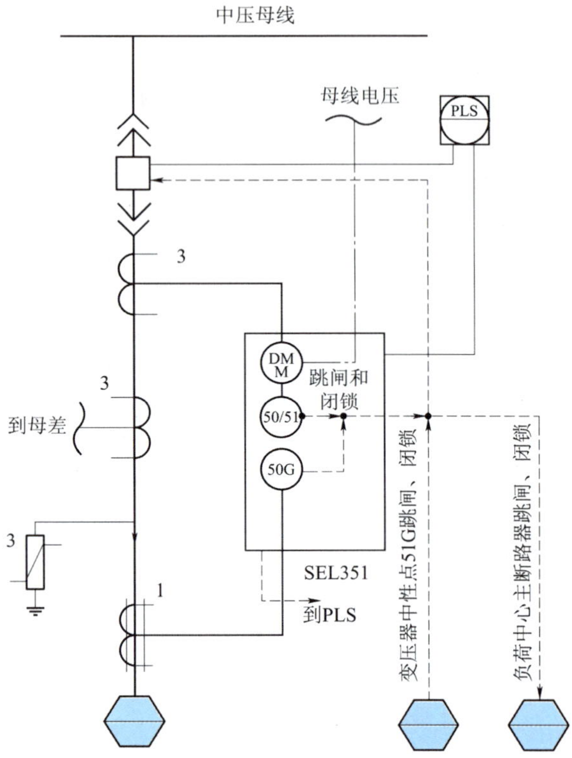

图 3-1-7 中压母线馈电变压器保护配置

LC 的电源是由三角一星形连接的中性点直接接地变压器提供的。中性点的接地带时限过电流保护(51G)会跳开高/低压侧开关。这个功能包含在高压侧多功能保护装置内。LC 变压器有变压器绕组温度保护(49T),它在变压器过载时会报警,具有高温和超高温报警。保护配置见图 3-1-8。

负荷中心电源进线、电动机馈线和电源馈线的保护详细配置如下。

LC 电源进线回路配置微机型综合保护装置,具有测量和多功能保护功能,进线和母联回路设有短延时速断、过流、接地保护,保护动作于本断路器跳闸;母联回路设有短延时速断、过流保护,保护动作于本断路器跳闸。

75 kW 以上电机馈线,设有速断、过流、接地保护;75 kW 以下电机馈线,采用塑壳断路器,设有速断、过负荷、接地保护。

75 kW 以上电源馈线,装设有短延时速断、过流、瞬时、接地保护;75 kW 以下电源馈线,采用塑壳断路器,装设有短延时速断、过流、过负荷、接地保护。

大于 7.5 kW(或 7.5 kW 以下但接地保护灵敏度不足的)馈线及电动机回路设置接地保护。

MCC:给低压电动机供电的 MCC 出线回路配有一体化的启动装置带有塑壳断路器(有可调速动过流跳闸保护、电磁或电动机保护器)和电动机启动器。这些电动机启动装置带有智能过负荷继电器(49)。在低电压的情况下,接触器会自动跳开。MCC 的保护配置见图 3-1-9。

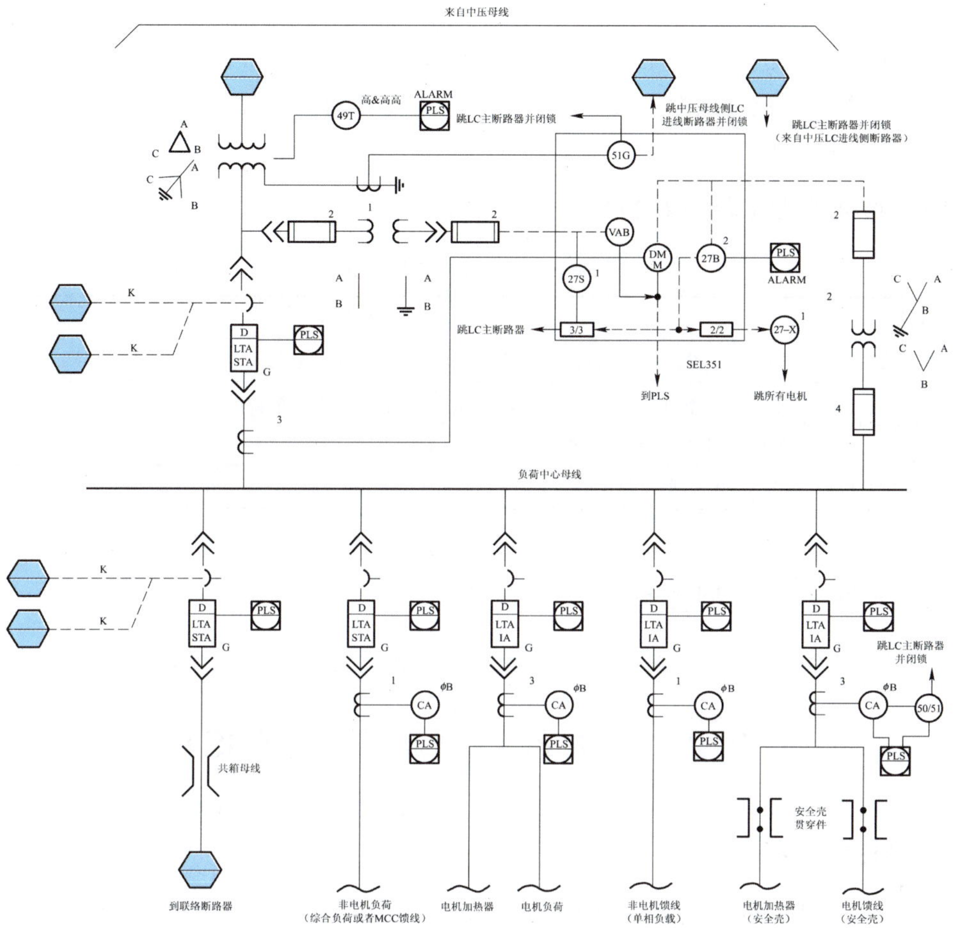

图 3-1-8 负荷中心保护配置

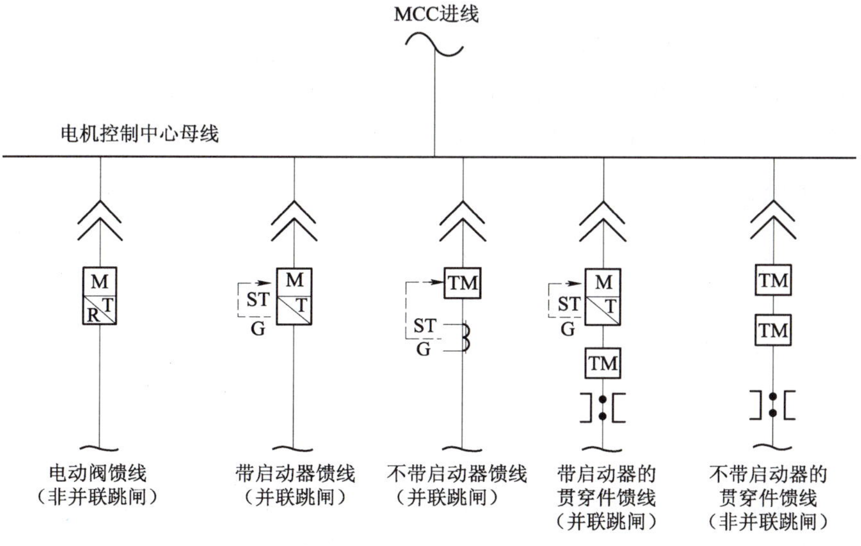

图 3-1-9 MCC 保护配置

MCC 的电动机馈线装设有速断、过负荷、接地保护(50G),保护动作于本回路断路器跳闸;接于 MCC 的电源馈线回路设有短延时电流速断、过流、过负荷、接地保护(接地电流大于 30A 或 30A 以下但接地保护灵敏度不足的回路配分励脱扣供接地保护跳闸),保护动作于本回路断路器跳闸。

3.1.10 技术参数(表 3-1-2)

表 3-1-2 ECS 设备参数

设备名称	系统参数
中压开关柜	10.5 kV,金属负荷材料,真空断路器,50 kA,母线额定电流:2 000&3 000 A,50 Hz
低压负荷中心	干式变压器:10.5 kV/400 V,容量 630 k~2 500 kVA 负荷中心母线:1 250~5 000 A,断路器分断能力:65 kA(部分 85 kA)
低压电动机控制中心	430/230 V,母线额定电流 400~1 600 A,断路器分断能力 65 kA

3.1.11 ECS 开关类型分类

ECS 系统的 10.5 kV 断路器和 380 V 断路器和接触器配置配置如图 3-1-10。

3.2 厂内备用电源系统(ZOS)

3.2.1 系统功能

在主发电机跳闸同时厂外电源不可用时,厂内备用柴油发电机向特定的永久非安全性负载、支持纵深防御功能的负荷提供交流电源。

3.2.2 系统描述

ZOS 系统是非安全相关系统。两台厂内备用柴油发电机组及与其相关的支持子系统的设备分级为 AP1000D 级,具有纵深防御功能,满足 RTNSS(非安全系统的法规要求),即电站在模式 5、6 运行期间,给反应堆一回路余热排出系统的设备提供后备电源。

3.2.3 系统组成

每个柴油发电机单元装有一个多气缸、涡轮增压、水冷、四冲程、直接燃油喷射型柴油机。柴油机和发电机通过直轴连接。柴油发电机包含的子系统有:

(1) 启动压空子系统

为了使静止的柴油机进入工作状态,必须依靠高压空气的能量推动曲轴旋转,并使它的转速达到一定的数值。

(2) 进气系统

进气系统直接从柴油机厂房外向柴油机提供助燃空气,进气口有相应防护的措施阻止灰尘、雨雪及其他环境颗粒的进入。

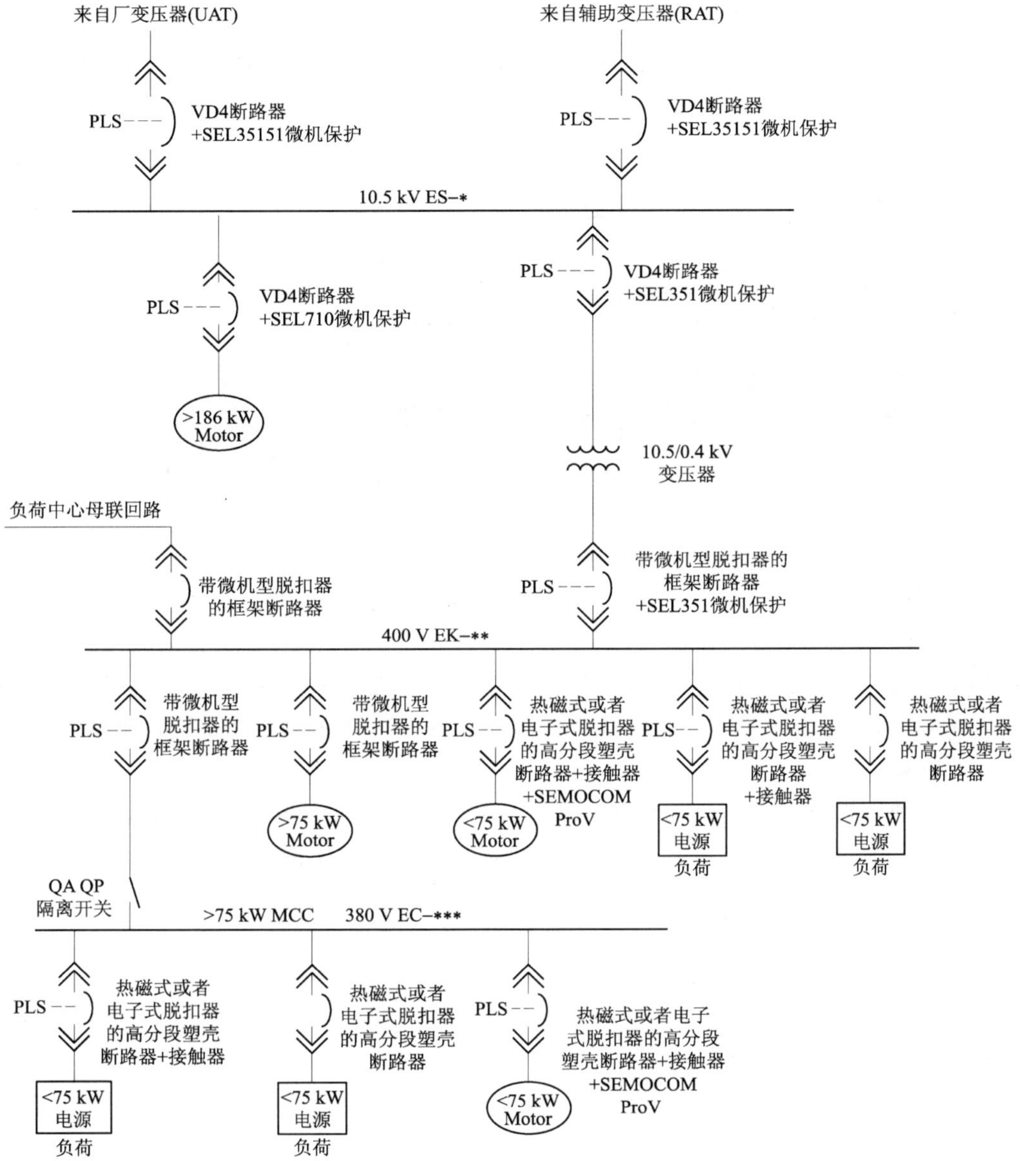

图 3-1-10 ECS 开关配置总图

(3) 排气系统

每台柴油机配置一套独立的排气系统，排气口暴露于大气环境中的部件有相应的防护措施避免由于冰、雪、灰尘等引起的堵塞。

(4) 冷却系统

柴油发电机冷却系统是一个独立闭式冷却系统，通过两个独立的安装在屋顶的风冷却器散热，减少了对厂用水系统和设备冷却水系统的需求。

(5) 燃油系统

柴油机燃油系统通过一台机带燃油泵从日用油箱吸取燃油，通过管道上的燃油过滤器将燃油供至柴油机喷油器。燃油系统还有一个独立的回油管线，该管线上安装有一台燃油冷却器。回油管线将部分燃油送回日用油箱，而日用油箱由燃油储存及输送系统保持适当的油位。日用油箱能满足机组额定负荷运行 4 h。备用柴油发电机燃油系统(DOS)能为其提供额定功率运行 7 天所需的燃油，燃油传输系统简图见图 3-2-1。

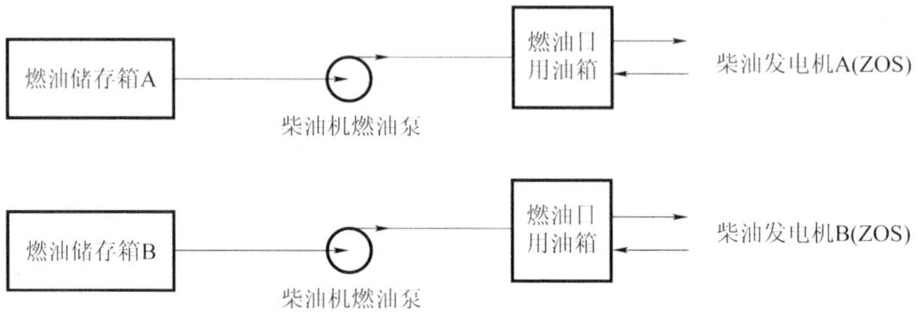

图 3-2-1　燃油传输系统简图

(6) 润滑油系统

柴油机润滑系统安装在柴油机底座上，它包括一个柴油机油底壳、一台机带润滑油泵，以及一个连续运行的预润滑系统，该预润滑系统包含一台交直流电机驱动的预润滑油泵和电加热器。当柴油机处于备用状态下，预润滑系统使柴油机润滑系统处于运行状态。润滑油在柴油机、多个过滤器和冷却器中循环以保证润滑油的特性满足柴油机润滑要求。

(7) 调速系统

每台柴油机装有一个电液调速器，调速器的油泵由柴油机驱动以保证系统的独立性。调速器配有一个斜坡函数发生器，根据可调的斜坡函数控制柴油机的加速度，可以避免在启动时超速。

调速器可以运行在转差模式(droop mode)或者在同步模式(isochronous)。

转差模式——转速/频率随负载增加而降低，调速部分接受转速设定、转速反馈信号及负载反馈信号而改变，适用于并联运行。运行在此模式时，允许备用柴油发电机与其他电源并联运行，调速器控制负荷的分配。

同步模式——转速/频率不受负载影响而改变，调速部分仅接受转速设定与反馈信号而改变，适用于单机运行。当运行在同步模式时，发电机独立运行，调速器维持发电机的频率在其额定频率的 98%以内。在顺序带载时，当带载负荷超过 110%额定负荷时，调速器能在带载间隔的 60%时间内，恢复频率到 98%的额定频率。

为提高机组运行可靠性，调速器电子部分由一个球头后备调速器提供后备，其可在启动和正常运行时提供全量程转速控制。

(8) 发电机、励磁系统、发电机保护系统、监测仪表和控制系统

3.2.4　主要设备

每个发电机是直轴驱动、空气冷却、自通风型，输出额定电压、频率为 10.5 kV、50 Hz。中性点是通过一个单相干式接地变压器二次侧带有负荷电阻(可调)的高阻接地。变阻器有分接头，可以调节发电机的接地电流为 5～10 A。

发电机是通过直轴相连的永久磁铁的励磁系统进行励磁。

3.2.5　系统运行

（1）正常运行

反应堆正常运行期间（除日常维护和试验外），两台厂内备用柴油发电机处于备用状态。当同时发生主发电机跳闸和失去厂外电源时，厂内备用柴油发电机为 10.5 kV 母线 ES1、ES2 提供交流电源。ES1、ES2 的进线断路器互锁以防止优先电源（来自厂变压器）、辅助电源（来自辅助变压器）和备用柴油发电机并列运行。

（2）失去厂外电

当与柴油发电机相连的 10.5 kV 母线失去交流电源时低电压信号启动柴油发电机启动程序，柴油机启动完成加速到额定转数，带动通过轴相连的永久磁铁励磁系统为发电机提供励磁，发电机达到额定电压和频率。失电时自动扫负荷程序跳开与该 10.5 kV 母线进线和电机馈线断路器。当柴油发电机启动完成，PLS/DDS 系统合上柴油发电机断路器，并按带载程序合上负载断路器。PLS/DDS 系统将会在启动信号 120 s 后顺序带载。带载负荷分为自动带载与手动带载。

（3）电源恢复

当优先电源或者辅助电源可用后，手动操作母线电源从柴油发电机切换到优先电源或辅助电源，柴油发电机恢复到备用状态。

（4）定期试验

备用交流电源通过手动操作与厂外电源并列进行定期试验。定期试验通过就地控制手动进行，通过就地控制手动启动、手动同期，手动带载。当试验完成后，通过手动逐步减少负载并断开柴油发电机出口断路器将柴油发电机恢复至备用状态。

3.2.6　保护和控制

3.2.6.1　控制

ECS 的 ES1、ES2 母线上的低电压继电器可以检测到母线低电压工况，延时一段时间后发出启动柴油发电机的信号（并跳开母线上所有电机负荷）。柴油发电机控制系统启动柴油发电机，达到额定电压与频率后，发出允许带载信号给 PLS，PLS 发出相应的信号到中压母线断路器将负载顺序带载。柴油机负荷带载时序如图 3-2-2 所示，详细的带载时序见表 3-2-1，柴油发电机自动带载程序运行功率见图 3-2-3。

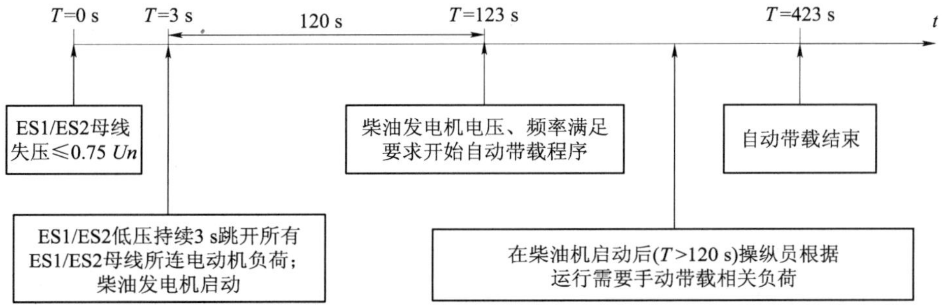

图 3-2-2　柴油机带载时序简图

表 3-2-1 柴油发电机 ZOS-MG-02A 在“机组功率运行下失电”后的带载序列

步 骤	时 间/s	负载上级母线	负 载	负载中文名称	备 注
0	120		MOV	电动阀	1
0	120	ECS-EC-123	DOS-MP-01A	柴油机燃油泵 A	
0	120	ECS-ES-1	ECS-EK-11	负荷中心 11 变压器	
0	120	ECS-ES-1	ECS-EK-12	负荷中心 12 变压器	
0	120	ECS-EC-111	ECS-ET-1111	辅助厂房变压器 1111	
0	120	ECS-EC-112	ECS-ET-1121	辅助厂房变压器 1121	
0	120	ECS-EC-121	ECS-ET-1211	辅助厂房变压器 1211	
0	120	ECS-EC-122	ECS-ET-1221	汽轮机厂房变压器 1221	
0	120	ECS-EC-123	ECS-ET-1231	柴油发电机厂房变压器 1231	
0	120	ECS-EC-131	ECS-ET-1311	附属厂房变压器 1311	
0	120	ECS-EC-132	ECS-ET-1321	安全壳变压器 1321	
0	120	ECS-EC-133	ECS-ET-1333	辅助厂房变压器 1333	
0	120	ECS-EC-111	ELS-ED-1111	附属厂房照明配电盘 1111	
0	120	ECS-EC-111	ELS-ED-1112	附属厂房照明配电盘 1112	
0	120	ECS-EC-121	ELS-ED-1211	辅助厂房照明配电盘 1211	
0	120	ECS-EC-121	ELS-ED-1212	辅助厂房照明配电盘 1212	
0	120	ECS-EC-122	ELS-ED-1221	汽轮机厂房照明配电盘 1221	
0	120	ECS-EC-122	ELS-ED-1222	汽轮机厂房照明配电盘 1222	
0	120	ECS-EC-122	ELS-ED-1223	汽轮机厂房照明配电盘 1223	
0	120	ECS-EC-123	ELS-ED-1231	柴油发电机厂房照明配电盘 1231	
0	120	ECS-EC-121	IDSA-DT-1	IDSA 1E 级调压变压器	
0	120	ECS-EC-121	IDSC-DT-1	IDSC 1E 级调压变压器	
0	120	ECS-EC-123	VZS-MS-01A	柴油发电机 2A 电气服务模块 AHU	
0	120	ECS-EC-123	VZS-MY-U03A	柴油燃油传输系统模块电加热器 A	
0	120	ECS-EC-123	VZS-MY-V01A	柴油发电机 2A 厂房备用排风机 1A	
0	120	ECS-EC-123	VZS-MY-V02A	柴油发电机 2A 厂房备用排风机 2A	
0	120	ECS-EC-123	VZS-MY-V03A	柴油发电机燃油传输模块排风机 A	
0	120	ECS-EC-123	ZOS-MA-01A	柴油发电机 2A 燃油冷却风机	
0	120	ECS-EC-123	ZOS-MA-10A	柴油发电机 2A 空冷/油冷器散热风机	
0	120	ECS-EC-123	ZOS-MA-11A	柴油发电机 2A 本体冷却水散热器	
0	120	ECS-EC-122	GSS-MA-01A	轴封冷却器排风机 A	
0	120	ECS-EC-122	LOS-MA-01A	LOS 主油箱排烟风机 A	
1	140	ECS-ES-1	FWS-MP-03A	启动给水泵 A	
1	140	ECS-EK-13	RNS-MP-01A	余热排出泵 A	2
1	140	ECS-EC-133	VAS-MA-08A	余热排出泵房间风机 A	2
2	160	ECS-EC-123	DOS-EH-01A	DOS 储油罐 01A 电加热器 A	

续表

步　骤	时　间/s	负载上级母线	负　载	负载中文名称	备　注
2	160	ECS-ES-1	ECS-EK-13	负荷中心13变压器	
2	160	ECS-ES-133	ELS-ED-1331	辅助厂房照明配电盘1331	
2	160	ECS-ES-1	SWS-MP-01A	厂用水泵A	
2	160	ECS-EC-123	VZS-MA-02A	日用油罐排风机A	
3	180			厂用水冷却塔单元风机A	3
4	200	ECS-ES-1	CCS-MP-01A	设备冷却水泵A	
6	240	ECS-EC-111	CAS-MS-01A	仪表压空机组A	
6	240	ECS-EC-111	VXS-MA-01A	附属厂房设备间循环/排风风机01A	
6	240	ECS-EC-111	VXS-MA-02A	附属厂房设备间空气处理单元(AHU)MS02A风机	
6	240	ECS-EC-111	VXS-MA-05A	附属厂房开关柜间AHU MS05A风机	
6	240	ECS-EC-111	VXS-MA-06A	附属厂房开关柜间循环/排风风机06A	
7	300	ECS-EC-111	EDS1-DC-1	非1E级蓄电池EDS1充电器	
7	300	ECS-EC-123	VXS-MA-09A	非1E级蓄电池房间A排风机09A	
8	360	ECS-EC-111	EDS3-DC-1		
8	360	ECS-EK-12	VCS-MA-01A	安全壳内循环风机A	
8	360	ECS-EK-12	VCS-MA-01D	安全壳内循环风机D	
9	420	ECS-EC-112	VBS-MA-07A	1E蓄电池房间排风机A	
	手动带载(M)	ECS-EC-112	EDS1-DT-1	EDS1非1E级调压变压器	
	M	ECS-EC-112	EDS3-DT-1	EDS3非1E级调压变压器	
	M	ECS-EC-121	IDSA-DC-1	IDSA 1E级蓄电池充电器	
	M	ECS-EC-121	IDSC-DC-1	IDSC 1E级蓄电池充电器1	
	M	ECS-EC-121	IDSC-DC-2	IDSC 1E级蓄电池充电器2	
	M	ECS-EC-124	RCS-EH-04A	稳压器电加热器备用组A列1-4	
	M	ECS-EC-132	RXS-MA-01A	控制棒驱动机构风机A	
	M	ECS-EC-132	RXS-MA-01B	控制棒驱动机构风机B	
	M	ECS-EK-13	SFS-MP-01A	乏燃料冷却水泵A	
	M		VBS-EH-013	备用蓄电池组房间加热器	5
	M		VBS-EH-018	C列1E级蓄电池房间1号加热器	5
	M		VBS-EH-019	C列1E级蓄电池房间2号加热器	5
	M		VBS-EH-021	A列1E级蓄电池房间加热器	5
	M	ECS-EC-112	VBS-MA-02A	主控室AHU循环风机A	
	M	ECS-EC-112	VBS-MA-05A	A/C列1E级电气间AHU供风风机A	
	M	ECS-EC-112	VBS-MA-05D	B/D列1E级电气间AHU供风风机D	
	M	ECS-EC-112	VBS-MA-06A	A/C列1E级电气间循环风机A	
	M	ECS-EC-112	VBS-MA-06D	B/D列1E级电气间循环风机D	
	M	ECS-EC-112	VBS-MS-01A	主控室AHU供风风机A	
	M	ECS-EC-112	VWS-MP-02	空冷冷冻水泵2	
	M	ECS-EK-11	VWS-MS-02	空冷冷冻机组2	

续表

步　骤	时　间/s	负载上级母线	负　载	负载中文名称	备　注
	选择性带载(O)	ECS-ES-1	CVS-MP-01A	CVS补水泵A	4
	O	ECS-EC-122	FPS-MP-02	消防水稳压泵	
	O	ECS-EC-133	VAS-MA-07A	CVS泵房间风机A	
	O	ECS-EK-13	VWS-MP-01A	冷水泵A	
	O	ECS-ES-1	VWS-MS-01A	水冷冷冻机组A	
	O	ECS-EC-122	VXS-MA-04A	主蒸汽隔离阀设备AHU A列供风风机	
	O	ECS-EC-122	VXS-MA-04C	主蒸汽隔离阀设备AHU C列供风风机	
	O	ECS-EC-122	VYS-MP-01A	热水泵A	

说明1：ZAS-MG-02B同样存在一份与ZAS-MG-02A相对应的带载负荷清单，CI需要带载的大部分负荷由ZAS-MG-02B带载。

2：带载时序从柴油发电机组收到启动信号开始计时。

3：表中(自动带载负荷)带载时不需要操作员操作。表中第二部分负荷(手动带载负荷)由操作员根据系统需求手动带载。自动带载负荷只有当其系统运行需要时才会启动。不是所有的手动带载负荷将会同时带载。表中第三部分负荷(选择性带载负荷)如CVS补水泵是间断运行的，根据系统需要自动带载。

4："功率运行"负荷是指在丧失厂外电源同时反应堆由功率运行跳闸(如反应堆冷却剂压力高于余热排出系统运行压力)后将由柴油发电机组自动带载的负荷。"停堆"负荷是指在停堆期间丧失厂外电源(如反应堆冷却剂压力低于余热排出系统运行压力，余热排出系统隔离阀打开)后将由柴油发电机组自动带载的负荷。

备注1：各系统的电动阀将在柴油发电机组出口断路器合闸时带载。一般而言，电动阀只需要很短时间(几秒钟)的供电，因此电动阀这一类的负荷不会影响柴油发电机组的容量。

2：属于"停堆"模式负荷。

3：三门核电不适用。

4：属于间断运行负荷，柴油机容量计算中没有考虑。

5：上级电源未确定。

3.2.6.2 保护

每台柴油发电机组装设有必需的柴油机保护和发电机保护装置。柴油发电机在试验期间以及在自动启动应急运行期间的保护是不同的。在自动启动应急运行期间，只有(差动保护、柴油机超速等)严重故障才迫使机组停机。

柴油机装设的主要保护包括：

(1) 超速；

(2) 柴油机故障；

(3) 润滑油压力低；

(4) 曲轴箱压力高；

(5) 高温水泵出口压力低；

(6) 高温水泵出口温度高；

(7) 润滑油温度高；

(8) 远方停机。

发电机装设的保护如图3-2-4所示。

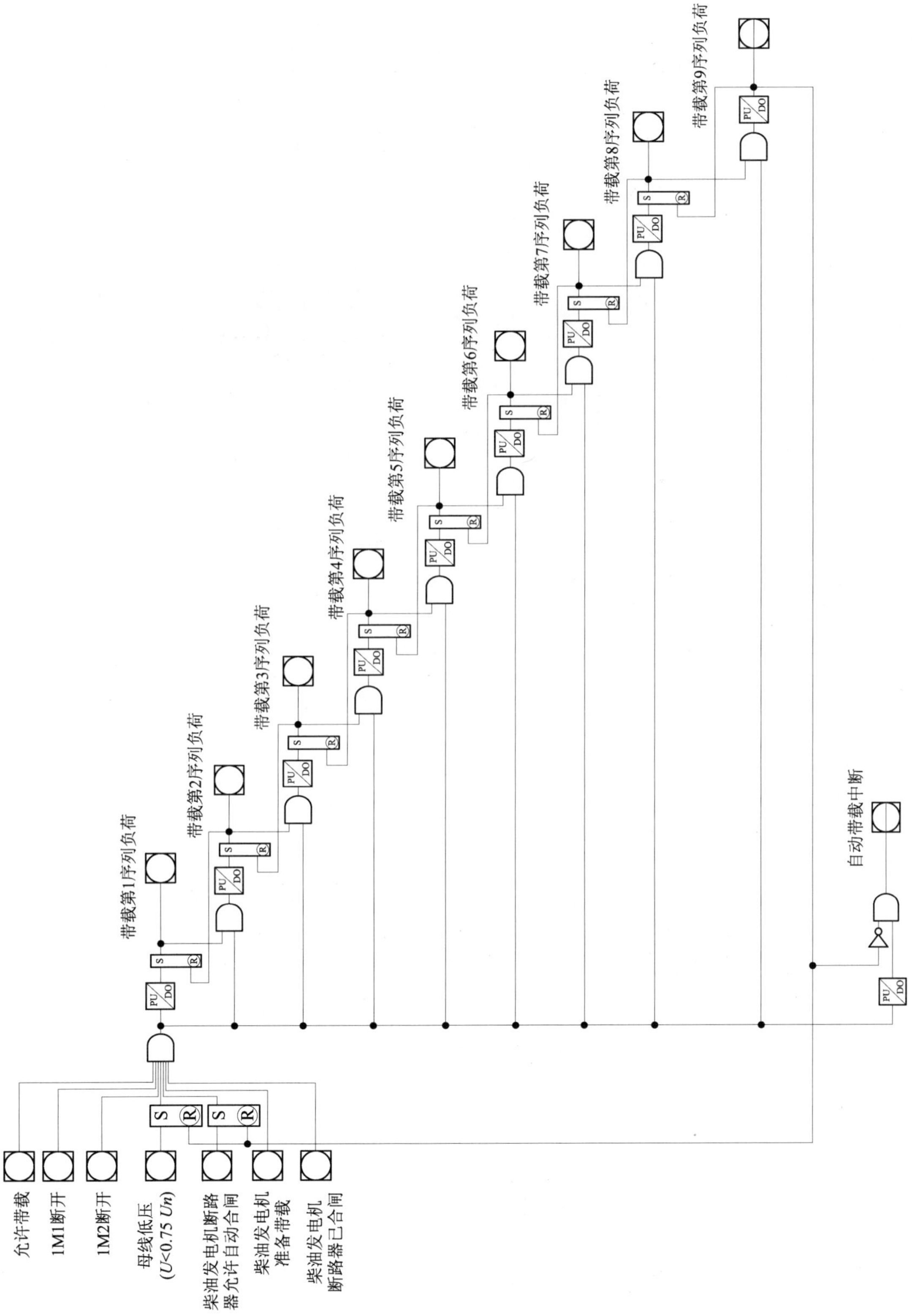

图 3-2-3 柴油发电机自动带载程序

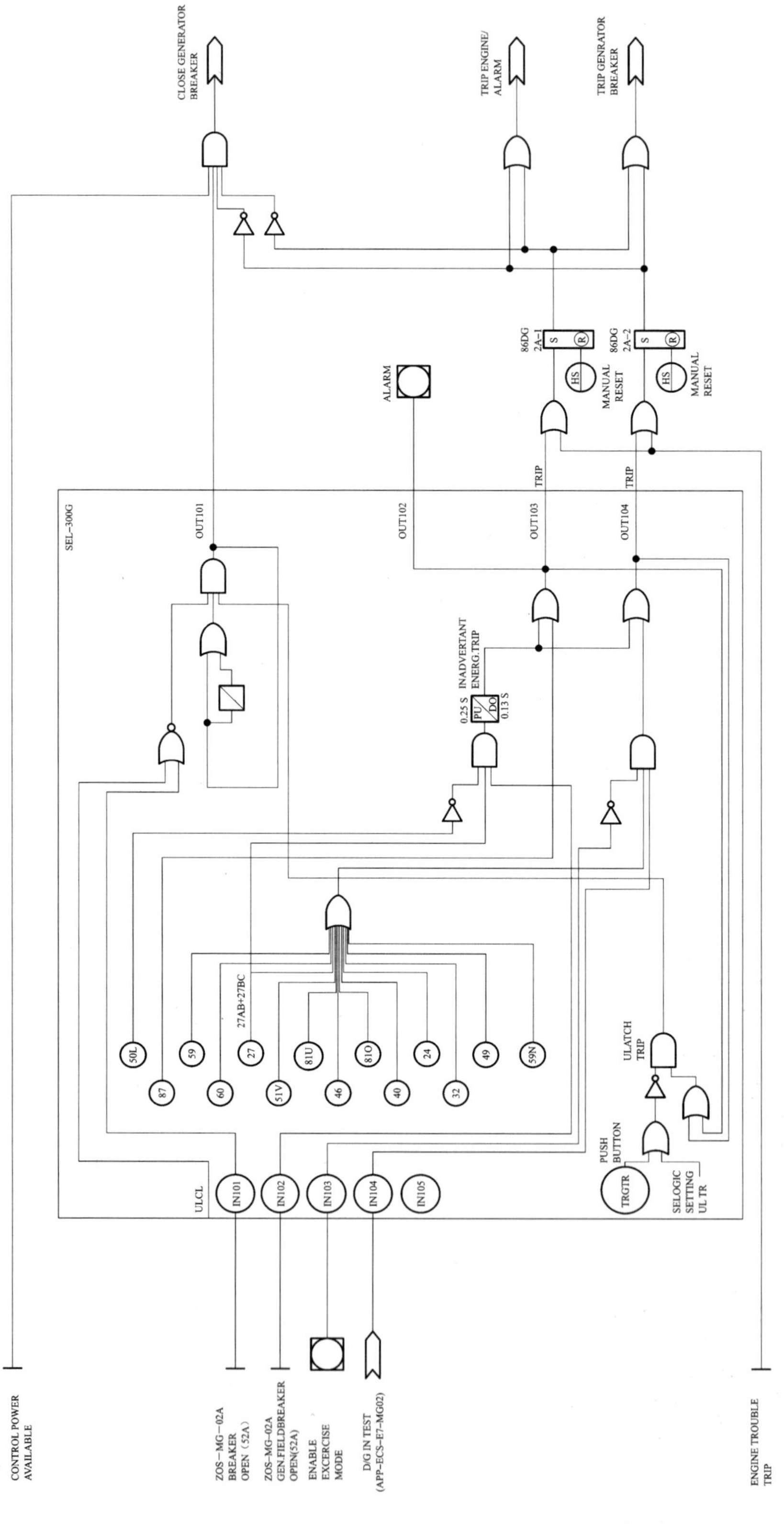

图 3-2-4 柴油发电机电气保护配置

(1) 差动(87)86GDx-1;

(2) 低电压闭锁过流(51V) * 86GDx-2;

(3) 逆功率(32) * 86GDx-2;

(4) 低频/过频(81U/81O) * 86GDx-2;

(5) 低电压/过电压(27/59) * 86GDx-2;

(6) 热保护(49) * 86GDx-2;

(7) 失去励磁(40) * 86GDx-2;

(8) 接地(59N) * 86GDx-2;

(9) 负序(46) * 86GDx-2;

(10) 压频比 V/F(24)保护 * 86GDx-2;

(11) 熔丝(60FL)(报警及闭锁功能)。

带 * 的表示送报警信号至 PLS 系统,86GDx-2 在柴油发电机因失去交流电启动时,只作为报警信号,不触发跳机,但在柴油机正常实验时,触发跳机。而 86GDx-1 在任何情况下都触发跳机。

3.2.7 技术参数

柴油机的相关技术参数如表 3-2-2 所示。

表 3-2-2　柴油发电机组主要技术参数

项　目	参　数	项　目	参　数
额定功率	6 000 kW	名义最小功率因数	0～8
最大功率	6 600 kW(110%额定功率)	电压	10.5 kV
发电机额定最大视在功率(连续)	7 500 kVA	转速	1 000 r/min
频率	50 Hz	启动时间	120 s

说明:上表中柴油发电机组能保证输出的功率含义:

额定功率 6 000 kW(2 000 h/a);

最大功率 6 600 kW(500 h/a)。平时运行能带载最大功率运行,但不能超过每年 500 h 运行时间限制。

3.3　1E 级直流和 UPS 系统(IDS)

3.3.1 基础知识

蓄电池可以把电能转变为化学能储存起来(充电),使用时再把化学能转变为电能(放电)。蓄电池可以再充电,反复使用。它是化学能与电能相互转换的一种储能装置。

目前国内常用的蓄电池有铅酸蓄电池和碱性蓄电池两大类。AP1000 所用的蓄电池为铅酸蓄电池。

(1) 铅酸蓄电池的工作原理及特性

蓄电池的正极板(PbO_2)和负极板(Pb)插入稀硫酸电解液中,就会发生电化学反应,正负极间便产生电位差。在外电路开路情况下,正、负极电位差就是蓄电池的电势。蓄电池在

充、放电过程中,正、负极和总的电化学反应过程如下:

$$正极:PbO_2 + 2e + HSO_4^- + 3H^+ \underset{充电}{\overset{放电}{\rightleftharpoons}} PbSO_4 + 2H_2O$$

$$负极:Pb + H_2SO_4 \underset{充电}{\overset{放电}{\rightleftharpoons}} PbSO_4 + 2e + 2H^+$$

$$总反应:PbO_2 + 2H_2SO_4 + Pb \underset{充电}{\overset{放电}{\rightleftharpoons}} PbSO_4 + 2H_2O + PbSO_4$$

蓄电池在放电时,正、负极板上都形成了硫酸铅($PbSO_4$),消耗了电解液中的硫酸,同时析出水,使电解液的相对密度下降;在充电过程中,正极板上的硫酸铅($PbSO_4$)还原成二氧化铅(PbO_2)和硫酸,负极板上的硫酸铅还原成铅(Pb)及硫酸(H_2SO_4)。

(2) 蓄电池的容量

蓄电池的容量是指蓄电池放电到终止电压时所能释放出的电量 q,即放电电流与放电时间的乘积,单位为安时(Ah)。

(3) 充电器的有关定义

浮充电——充电后的蓄电池,由于电解液及极板中有杂质存在,会在极板上形成局部放电,因此,为使电池在饱和的容量下处于备用状态,电池常与充电器并联,接于直流母线上,充电器除担负经常的直流负载外,还给电池以适当的充电电流,这种方式就叫做浮充电。

定期充放电——定期充放电就是以浮充方式运行的电池,经过一定时间后,要使其极板的物质进行一次比较大的充放电反应,以检查电池容量,发现落后电池及时维护处理,保证电池的正常运行。

均衡充电——以浮充方式运行的电池,在长期的运行中,由于每个电池的自放电不相等,但浮充电流是一定的,结果就会出现部分电池处于欠充电状态。为使电池能在正常的水平上工作,每1~3个月必须对电池进行一次均衡充电。

(4) 按浮充电方式运行的蓄电池直流系统

按浮充电方式运行是指:正常运行时硅整流器与蓄电池组同时连接于母线上并联工作。硅整流器作为第一工作电源除给直流母线上的经常负荷供电外,同时以很小的电流向蓄电池浮充电,用以补偿蓄电池自放电,使蓄电池经常处于满充电状态。蓄电池作为第二工作电源,当硅整流器交流电源失去或硅整流器故障时,蓄电池作为工作电源,平时也用于供给短时间的冲击性直流负荷(直流电机的启动)。

3.3.2 直流系统接地

直流系统单点接地后,一般对运行无特别影响。但如发生两点接地,则根据接地点的不同会造成保护误动、拒动及烧保险,导致丧失直流电源及引起保护逻辑紊乱等。所以当直流系统发生一点接地时,应立即查找接地点并消除以免产生两点接地造成运行事故。

3.3.3 逆变器和不间断电源UPS

逆变器的作用是将直流逆变为具有更高可靠性的交流,与变压器同时使用,变压器作为其备用,给不间断交流电源系统(UPS)供电。由于不间断交流电源系统一般用于调节、控制与保护回路,要求有很好的电源品质。AP1000的1E级直流和不间断电源系统(IDS)和非

1E 级直流和不间断电源系统(EDS)都使用了 UPS 系统。

逆变器和 UPS 原理。UPS 可分为以下 7 块:蓄电池、整流器输入和输出滤波回路,控制回路,电源转换回路,隔离输出/谐波滤波(CVT)回路,调压变压器,静态开关及手动旁路开关。如图 3-3-1 所示。

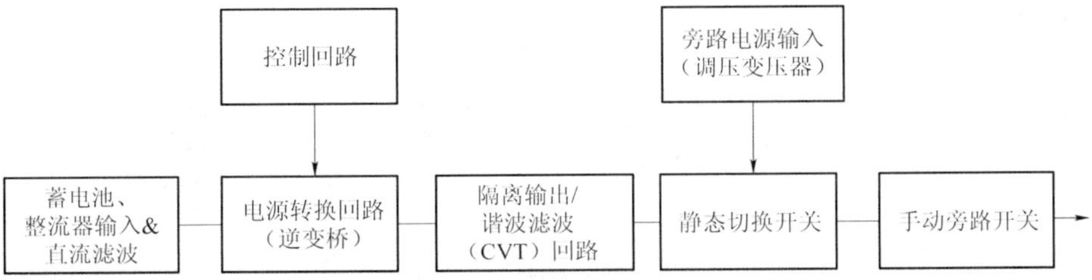

图 3-3-1 UPS 基本构成图

静态开关:静态开关是用于不间断电源系统的高速电子转换开关,其作用是当逆变器输出故障或过载时将负载不间断地切换到旁路备用电源。旁路备用电源可以是另外一个逆变器或其他任何与逆变器输出一致的可靠电源。简图见图 3-3-2。

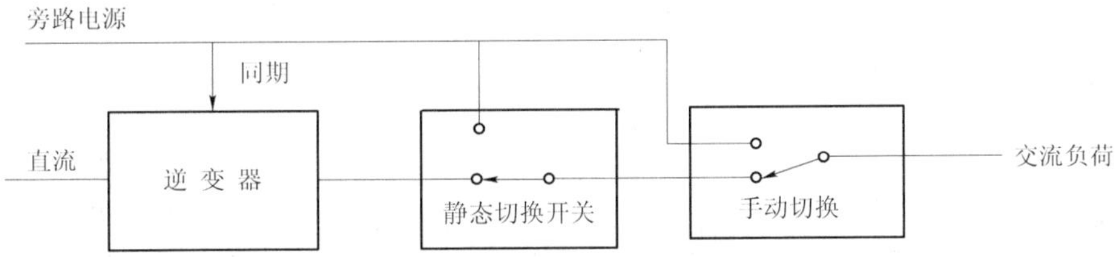

图 3-3-2 静态开关简图

3.3.4 概述

1E 级直流和 UPS 系统(IDS)为电厂仪表、控制、监测和其他执行电厂启动、正常运行、正常和紧急停堆等重要功能所必需的设备提供不间断电源。在失去厂内和厂外交流电源的情况下,由蓄电池为 UPS 系统提供电源。另外,不间断电源系统也为主控室(MCR)和远方停堆站(RSW)提供正常和应急照明电源。

3.3.5 系统功能

(1) 安全相关功能

IDS 系统为安全相关的电厂仪表、控制、监控系统和其他停堆所必需的设备提供可靠电源。在失去厂外和厂内交流电源的情况下,直流蓄电池组为直流和 UPS 负载提供电源。

(2) 非安全相关功能

正常情况下 IDS 给对应的蓄电池浮充电,并供电给直流负荷。当 IDS 系统中逆变器退出运行时,自动切换到旁路调压变压器为 1E 级 UPS 负载供电。1E 级直流系统的主要负载为 1E 级电动阀。1E 级 UPS 系统的主要负载为保护柜和安全监控柜。

3.3.6 系统描述

系统简图

24 h 蓄电池组与 UPS A 列，见图 3-3-3。

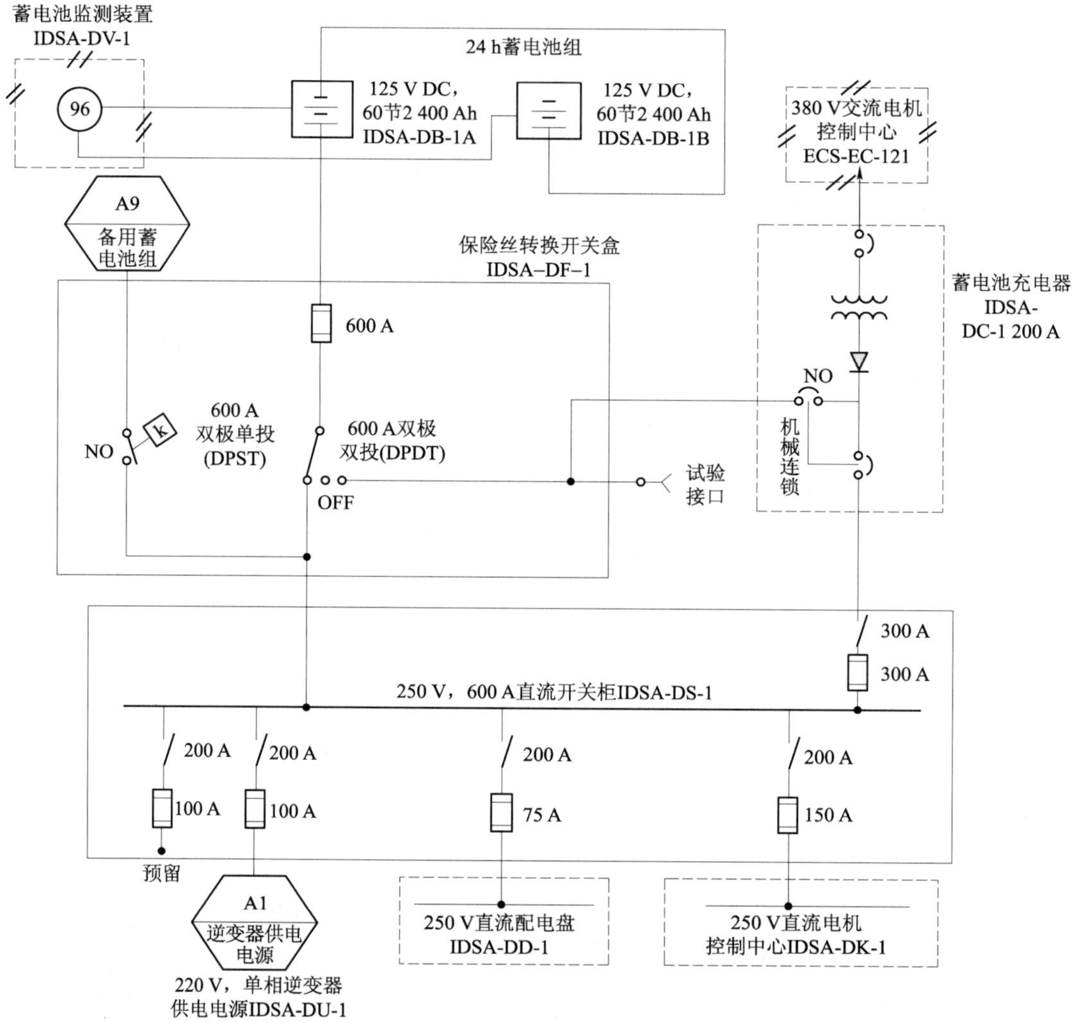

图 3-3-3　24 h 蓄电池组 A(D)列

24 h 蓄电池组 B(C)列，见图 3-3-4。

72 h 蓄电池组 B(C)列，见图 3-3-5。

备用蓄电池组列，见图 3-3-6。

不间断电源(UPS)A、D 列，见图 3-3-7。

不间断电源(UPS)B(C)列，见图 3-3-8。

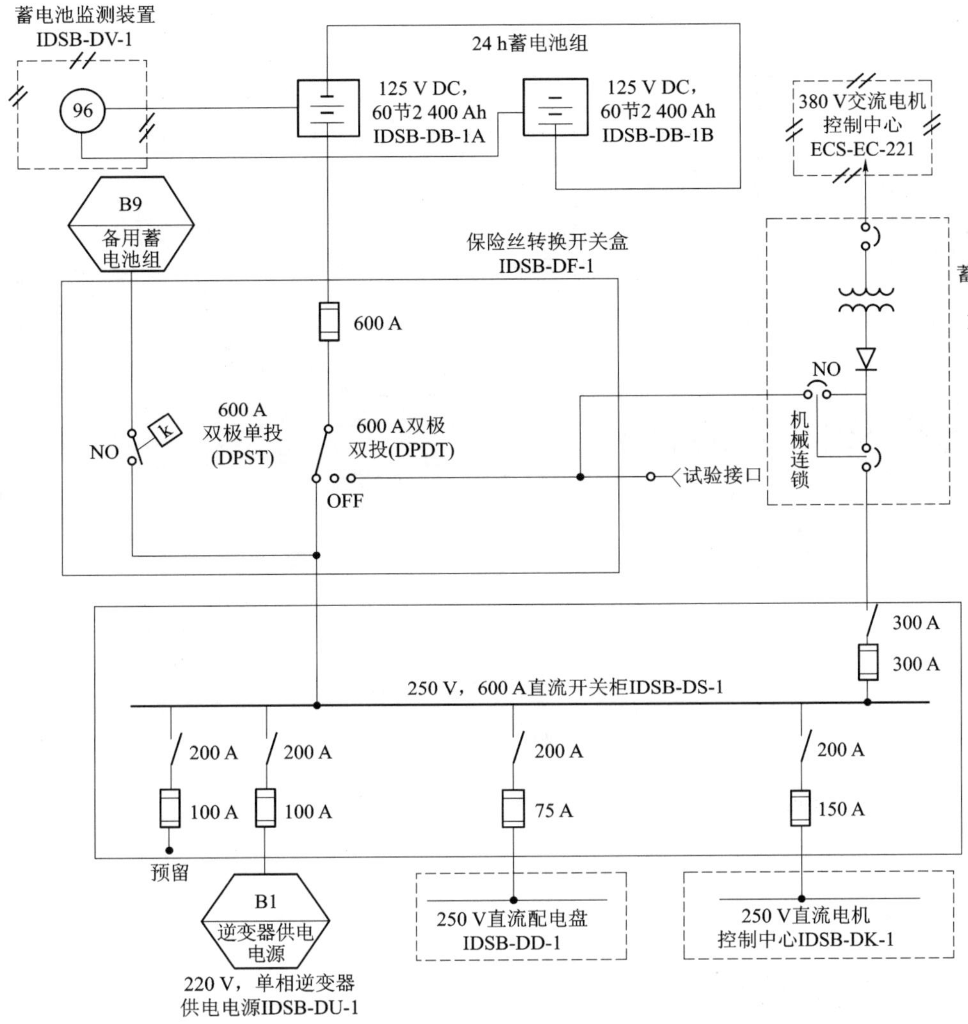

图 3-3-4　24 h 蓄电池 B(C)列

3.3.7　系统组成

丧失全部交流电源时，IDS 可以在不需充电器的情况下为安全停堆提供可靠电源。发生单一故障时，仍能保证电厂安全停堆。

3.3.7.1　直流系统

共有 A、B、C、D 四个独立的 1E 级 250 V 直流蓄电池组：A 和 D 组各有一个 24 h 蓄电池组、一个配电盘、一个充电器。B 和 C 组每组各含两个蓄电池(24 h 蓄电池组 和 72 h 蓄电池组)、两个配电盘和两个充电器。24 h 蓄电池组，可以在符合设计基准事故的全部交流电源失去的最初 24 h 给负载供电。B 和 C 组中的 72 h 蓄电池组，可以在事故时给需要继续供电 72 h 的负载供电。每个与 24 h 蓄电池相连的开关柜供电给一个逆变器，一个 250 V 直流配电盘，一个 250 V 直流电动机控制中心。每个与 72 h 蓄电池相连的开关柜供电给一个逆变器。事故后 24 h 内不需减负荷运行。

1E 级直流和 UPS 系统设有一个备用的蓄电池组和充电器。在正常蓄电池组不可用情

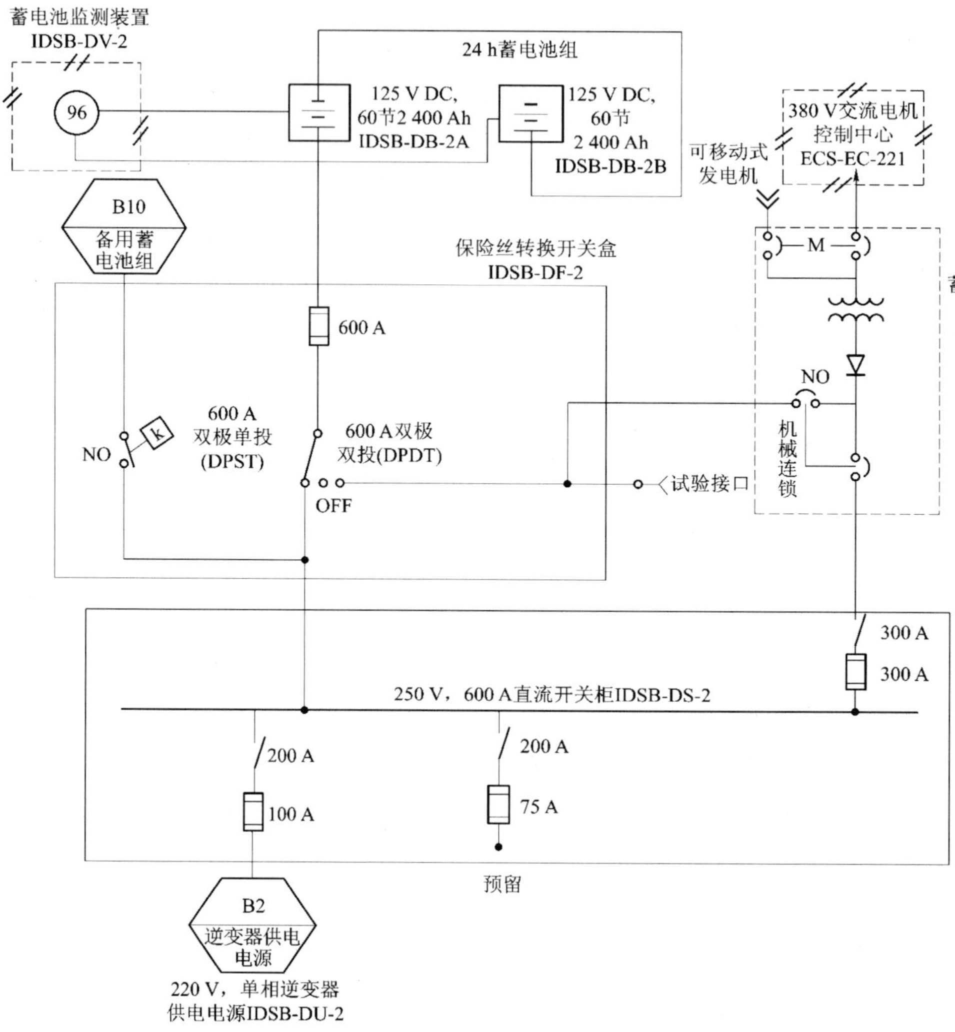

图 3-3-5　72 h 蓄电池 B(C)列

况下，通过投入闭锁隔离开关和带锁的连锁器（kirk-key）互锁开关来给受影响母线供电。这两个开关每次只允许接通一个蓄电池和一个充电器以保证每个蓄电池组的独立性。备用蓄电池组也可用来做蓄电池离线测试、维护或假投运操作等试验。

每个 1E 级 250 V 直流蓄电池组和备用蓄电池都处在不同的房间。蓄电池间要可靠通风以防止氢气含量过高。

包括备用蓄电池在内的每个蓄电池都有一个用来监控蓄电池开路状态和蓄电池电压的监控系统。监控系统可以在主控室触发报警信号。蓄电池监控系统并不承担任何安全相关功能。放电率报警、直流电流电压的监控和报警都通过 PLS 实现。

充电器和直流配电盘母线相连，充电器的电源来自非 1E 级柴油机备用供电两列 380 V 电机控制中心（MCC）的母线段。A 和 C 组充电器电源引自一个母线段，B 和 D 组充电器引自另外一个母线段。

充电器也提供了非 1E 级交流电源和 1E 级直流源所必需的隔离。为了满足电源间的

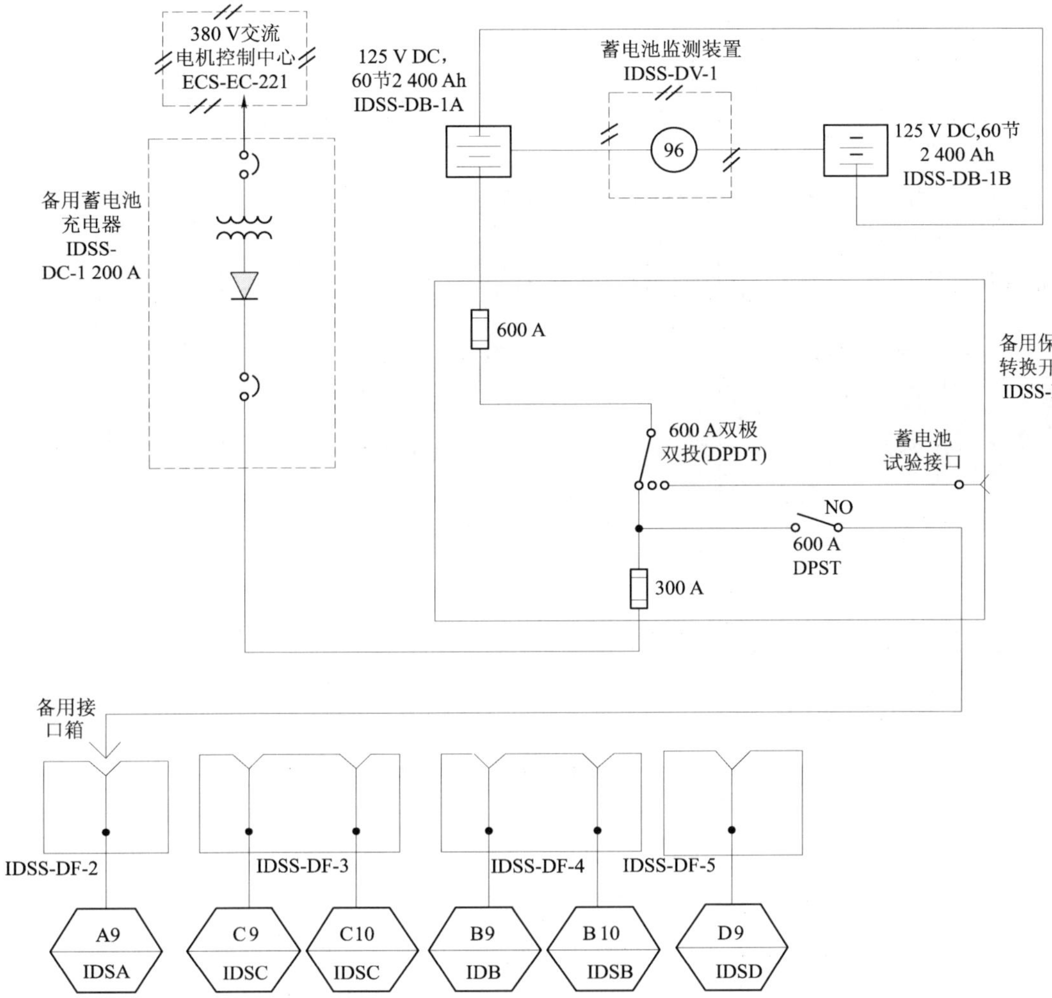

图 3-3-6　备用蓄电池组

隔离和必需的保护，每个充电器都有一个交流输入断路器和直流输出断路器。在充电器交流电源失去的情况下，每个充电器都可以防止由于倒送电而使交流输入变为一个负载。另外还有一个嵌入式限流器，整定范围为 110%～125%额定电流，它可以在直流侧过载或者短路时限制输出电流。充电器输出经过滤波，其浮充和均衡电压都是可调的。充电器有一个均衡充电计时器和一个手动旁路开关以允许定期进行均衡充电。每个充电器能够给对应的直流系统连续供电的同时，也能在 24 h 内将用完的蓄电池充电至 95%满充状态。所有的蓄电池充电器共用一个故障报警模块。

1E 级直流机控制中心的工作电源为 250 V 直流两线制不接地系统。直流电机控制中心为直流电动阀提供馈线保护。电动阀配置热过载保护。同时信号送到主控室报警。电动机控制中心短路故障由带熔丝的隔离开关来切除。大于或等于 3.7 kW 的电动机由降压启动控制器来限制启动电流，但此条不适用于电动阀。

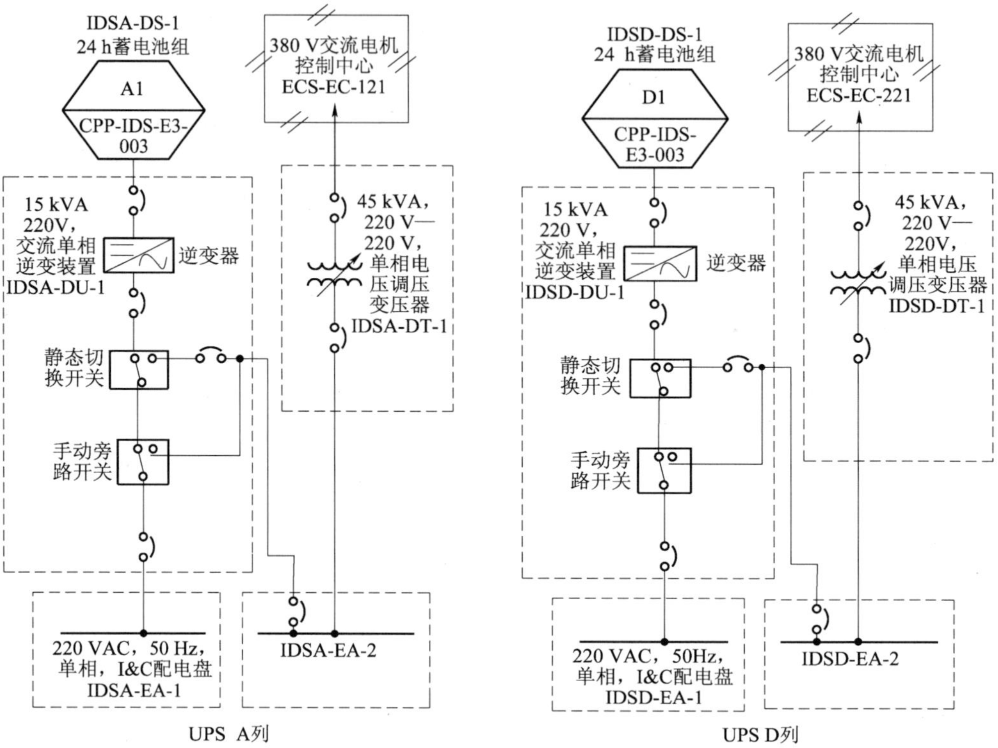

图 3-3-7 不间断电源(UPS)A、D 列

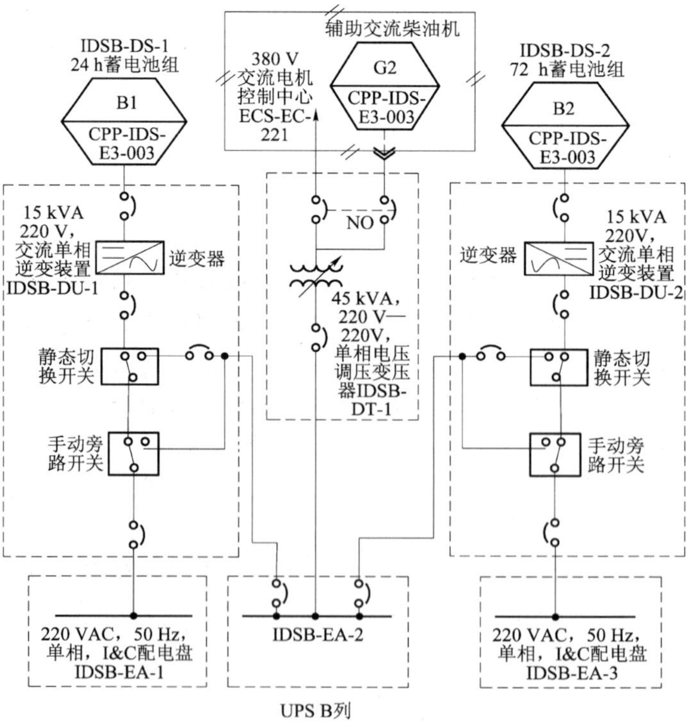

图 3-3-8 不间断电源(UPS)B(C) 列

3.3.7.2　UPS 系统

1E 级 UPS 为四组独立的 1E 级仪表和控制母线提供交流 220 V 电源。A 和 D 组各有一个 1E 级逆变器和一个备用电压调节变压器，供电给配电盘。逆变器由各自的 24 h 蓄电池供电。B 和 C 组各有两个逆变器、两个仪控柜、一个带配电盘的调压变压器，其中一个逆变器由 24 h 蓄电池配电盘供电，另外一个由 72 h 蓄电池配电盘供电。在正常情况下，1E 级逆变器由相关蓄电池供电，如果一个逆变器失效或者逆变器的 1E 级 250 V 直流输入不可用，电源自动通过静态转换开关转到备用交流电源上。由柴油发电机作为备用电源的非 1E 级 380 V 交流母线通过 1E 级调压变压器来作为备用电源。此外，当逆变器需维修时可以手动切换至备用电源供电。

在设计基准事故后 72 h 为了能持续供电，一个 400 V 辅助交流发电机连入 1E 级调压变压器(只有 B 和 C 组可以)。它可以给事故后监控系统、主控室照明和通风系统和 B、C 组的仪控室供电。在丧失所有其他交流电源时，IDS 还配有移动式交流发电机(只有 B 和 C 组可以)经由 1E 级充电器接入后给直流系统的事故后 72 h 安全相关负载和蓄电池供电。

3.3.8　主要设备

3.3.8.1　1E 级 250 V 直流蓄电池组

1E 级直流源系统蓄电池组是铅酸平板式蓄电池组，设计寿命 25 年。额定容量(2 列 2 400 Ah 蓄电池组，总容量 4 800 Ah)可以满足事故后最初 24 h 和 72 h 内的负荷供电，并且在最初 24 h 内不需要进行负荷卸载。

蓄电池容量计算基准电压采用直流 210 V 蓄电池放电末期电压。其运行电压范围为直流 210～280 V。单个蓄电池浮充电压是 2.25 VDC(蓄电池组电压 270 VDC)。直流电源系统的组件可耐受单个蓄电池最大均充电压 2.33 VDC(蓄电池组电压 280 VDC)。蓄电池在正常运行期间维持在浮充电压不会产生温度差异，因此在正常运行期间不需要进行在线均充。经过一定周期的低电压浮充电后或由于环境条件而导致蓄电池温度参数变化时，可进行单个蓄电池最低电压 2.3 V 的均衡充电。

在深度放电(如周期放电试验)之后需要进行均充，放电试验期间，备用蓄电池组将为被实验蓄电池组所带的负载供电。恢复供电前进行均充是正常放电试验的一部分。

蓄电池放电后再充电应进行浮充。蓄电池安装后应进行初充电，初充电可以采用均衡充电。

3.3.8.2　1E 级充电器

充电器可以在 24 h 内使蓄电池由最小充电状态转到 95%满充状态，且同时向相关直流负载持续供电。充电器采用整流二极管可以防止直流倒送。在非 1E 级交流输入电压或频率超出允许值时，充电器的控制回路会自动断开输入侧断路器。充电器输入侧装有一个氧化锌非线性电阻，以减小尖峰脉冲可能造成的危害。输出经整流滤波，防止影响逆变器输入侧。直流输出电压过高时充电器会自动关断并发出报警和触发指示灯。

3.3.8.3　1E 级带熔丝的切换开关箱

每个带熔丝的切换开关箱都有一个双极双掷(三位)转换开关和一个双极单掷转换开关(和一个带锁的连锁器)，且有一个嵌入式插口以方便试验。转换开关箱都有屏蔽和封闭母线。

3.3.8.4 1E 级直流开关柜

1E 级直流开关柜选用带熔断器的隔离开关，且有 600 A 的额定母线电流。主母线可以耐受短路电流为 50 kA 时的机械应力，且配有一个接地故障检测器和一个母线电压变送器。故障后，每个开关柜向 PMS 发送直流电压信号。

3.3.8.5 1E 级直流机控制中心

1E 级直流机控制中心为 250 V 二线制不接地系统。电机控制中心的馈线短路保护由熔断式隔离开关来实现。3.7 kW 及以上的电动机应降压启动，以限制启动电流，使之不大于 250%额定电流。

3.3.9 系统运行

IDS 系统的直流电压为 250 VDC，UPS 交流电压为 220 VAC。

在厂内或厂外电源可用时，IDS 通过充电器输出 250 V 直流给直流母线和相连的逆变器，并给相应的蓄电池浮充电，当充电器不能满足尖峰负荷(直流电机启动)时，由所连母线上的蓄电池供电。充电器的 380 V 交流输入电源由厂内备用柴油发电机提供备用电源的电机控制中心提供。设置一组备用蓄电池组，备用蓄电池的输入电源由厂内备用柴油发电机提供备用电源的电机控制中心提供，并输出 250 V 直流电给熔断式转换开关箱和备用端子箱。

如果蓄电池组充电器失去交流电源，蓄电池组将自动提供电能给原来的负载，一旦交流电源恢复，蓄电池组充电器自动取代蓄电池为负载供电，并为蓄电池充电。

正常情况下，逆变器为 UPS 供电，如果逆变器故障，UPS 自动从调压变压器获得电源，UPS 负载从调压变压器获得电源时没有蓄电池组作为备用。当逆变器恢复正常供电后，UPS 负载通过手动切换到逆变器，逆变器在维护时，也可通过手动切换 UPS 电源到调压变压器，并在维护完成后手动切换到正常运行状态。

蓄电池应在离线状态测试，试验时用备用蓄电池代替。备用蓄电池组和充电器也可用作替换故障蓄电池组和充电器，在蓄电池组或充电器需要维护时，也可以用作替代。

当系统内设备发生故障或者不可用时，必须在规定的时间内恢复运行，否则按照技术规格书的要求，机组运行模式后撤至安全状态。

辅助柴油发电机在失去所有交流电源(包括厂内备用柴油发电机)72 h 后启动，辅助柴油发电机启动配电盘带电后为调压变压器供电，调压变压器为 IDS 配电盘 EA2 供电，这些负载主要是主控室照明。此时操作员使用手动旁路开关切换调压变压器为配电屏 EA3 供电，配电屏 EA3 所带的负载将会得到连续供电。

在主发电机、电网、厂用备用柴油发电机以及辅助柴油发电机都失效的情况下并且持续 72 h 未能修复，移动式发电机投入使用。属于极端不可能事故。

3.3.10 保护和控制

1E 级直流开关柜采用带熔丝的隔离开关，设置短路和过流保护。主母线可以耐受短路电流所带来的机械应力。采用双极双掷转换开关的熔丝转换开关箱供蓄电池测试和维护时使用。熔丝的选择应符合上下级设备的保护要求。

1E 级 250 V 直流系统是不接地系统。因此，单一接地故障并不会立即使系统失效。各直流子系统都配有接地监测和报警装置，在发生接地故障时能及时监测和报警。

UPS 的分支电路都在 UPS 配电盘处设有过电流保护，并装有金属氧化物电阻抑制瞬时故障引起的损害，所设立的保护有：

（1）过电流保护；

（2）高频保护；

（3）低频保护。

3.3.11 技术参数

IDS 的初步设计如表 3-3-1 所示。

表 3-3-1 IDS 系统的初步设计参数

项目	初步参数
额定电压 最大电压 最小电压	250 VDC 280 VDC 210 VDC
1E 蓄电池组	4 800 Ah 组容量(2 列 2 400 Ah 在 8 h 的额定放电容量)
1E 逆变器	容量:15 kVA 功率因数:0.8 电压调节范围:±2% 频率范围:50 Hz±0.5% 总谐波失真:≤3% 非线性负荷波峰因数:2
1E 直流开关柜	主母线:连续电流 600 A 最大短路电流:50 000 A
1E 可调电压变压器	容量:45 kVA,220 VAC 电压调节:0～100% 负荷,±0.5%额定电压波动;±0.5%额定频率波动; 200% 额定负荷电流暂态,±2%额定电压波动
1E 蓄电池充电器	输出:200 A ,250 VDC,不接地 输入:380 VAC,3 相,50 Hz 浮充电压:2.20 ～2.25 V/节 均充电压:2.33 V/节

3.4 非 1E 级直流和 UPS 系统(EDS)

3.4.1 系统功能

EDS 系统为非安全相关的电厂仪表系统、控制系统和启动、正常运行、正常或紧急停堆所必需的设备提供可靠电源。另外，也为安全壳内氢气点火装置提供电源。EDS 的非安全相关的主要负载有：

（1）DAS；

（2）PLS；

（3）ZOS；

(4) LOS的直流润滑油泵和HSS空侧直流密封油泵;

(5) 就地控制和显示设备;

(6) 远程控制和显示设备;

(7) 辐射监测系统(部分);

(8) 通信系统设备;

(9) 火灾保护系统;

(10) 数据显示和处理系统(DDS);

(11) 各类过程处理设备。

3.4.2 系统描述

EDS蓄电池的额定电压为220 VDC,UPS的额定电压为220 VAC。

EDS由三个子系统组成,分别为:EDS1、EDS3;EDS2、EDS4;EDS5。EDS1-EDS4位于附属厂房的不同房间,且可以独立供电;EDS5位于汽轮机厂房地下一层,直接对LOS的直流润滑油泵和HSS空侧直流密封油泵供电。前两个子系统包含两条独立的直流配电母线。每个子系统的两条直流母线通过一个常开的母联开关连通,以提高供电的可靠性。EDS5设置一条直流母线,正常运行时通过充电器为负荷供电,同时对电池浮充电。每个直流子系统包括充电器、固定式蓄电池、直流配电设备和相应的监控和保护设备。各个子系统简图见图3-4-1,图3-4-2和图3-4-3。

直流母线1、2、3、4为对应的直流配电盘和逆变器提供直流220 V的电源,逆变器同时供电给非1E级UPS交流系统。UPS旁路母线由调压变压器供电。母线5只给两台大直流电动机供电,且不设置逆变器对UPS供电。这种设计可以防止电机启动时干扰逆变器供电的敏感设备。

充电器正常交流电源来自由厂内柴油机提供后备电源的380 V交流配电系统。EDS系统采用与1E级蓄电池相似设计的标准工业固定式蓄电池,当充电器故障时由蓄电池向直流负载供电。在失去全部交流电源时,此蓄电池应能至少持续供电2 h。

直流配电柜给直流馈电保护设备,直流母线接地故障监测仪和其他测量设备供电。

蓄电池组设计采用较低的均充电压(242 V)以确保在蓄电池组均充时所带负载的正常运行,通过冗余母线跨接断路器(cross-tie breakers)分别与冗余母线相连,可以为在换料期间对蓄电池组和蓄电池充电器进行离线维护。另外,一组非1E级蓄电池充电器临时替换每个充电器以方便维护。

3.4.3 主要设备

(1) 非1E级直流220 V蓄电池组

非1E级直流设备能承受直流系统的故障电流。非1E级蓄电池按每节电池最低电压为1.85 V下的安时曲线来确定,能保证在极端负载情况下2个小时蓄电池端电压能维持192 V。蓄电池组电压范围为192~242 V。浮充电压为每节2.23 V(总共232 V),蓄电池组内的单个电池可以更换。直流系统可以承受的最高均充电压为每节2.33 V(对应于242 V)。

(2) 非1E级配电盘

非1E级开关电流设备有合适的运行和短路额定值。主母线可以耐受最大短路电流为

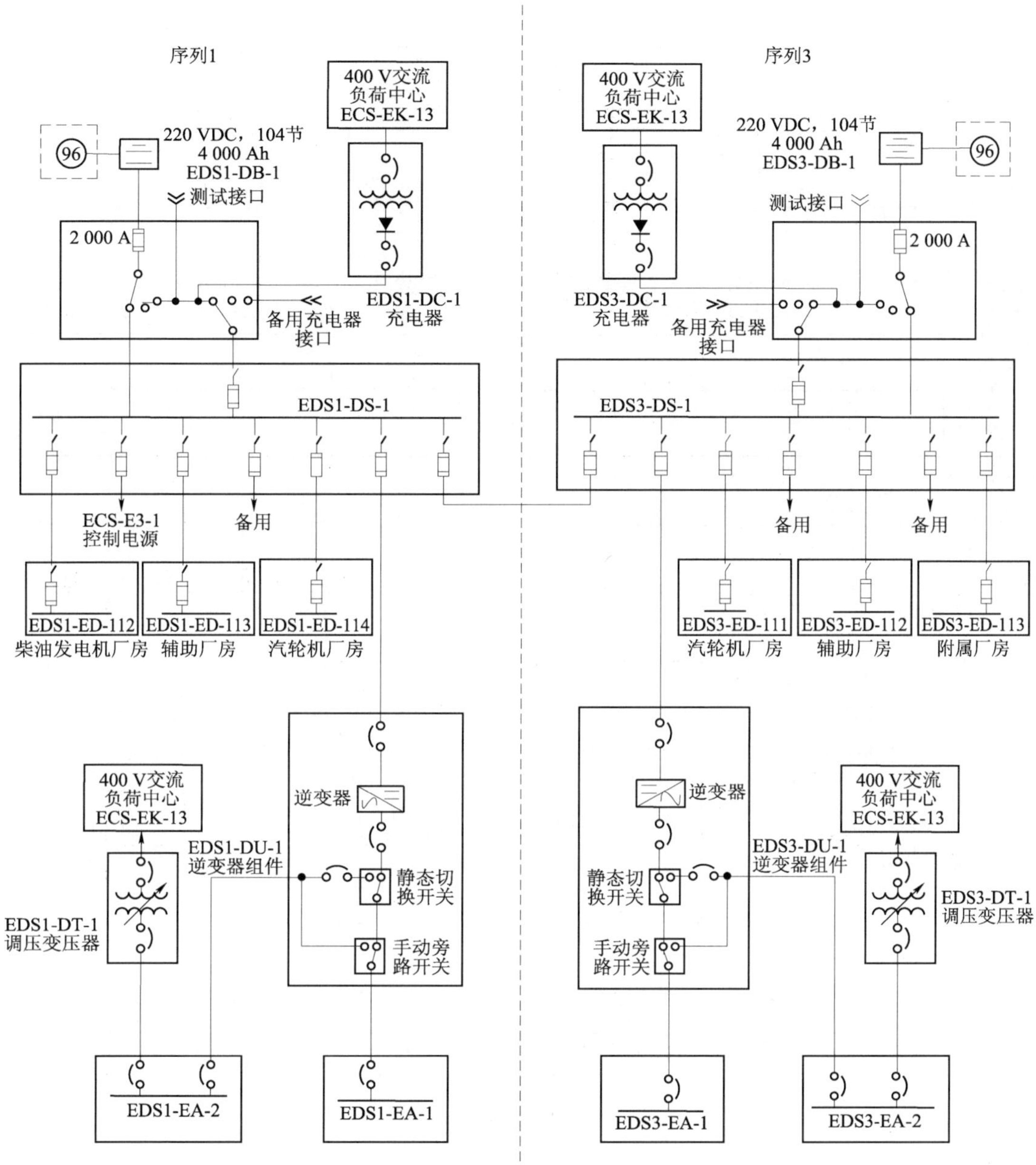

图 3-4-1　EDS 第一组简图

50 kA 有效值时所带来的机械应力。

(3) 蓄电池监控器

蓄电池监控系统可以检测到蓄电池开路状态，蓄电池是否可用，蓄电池电压和蓄电池接地状态。蓄电池监控器提供就地信息，并可在相连的蓄电池不可用和不能给仪控系统提供电源时给主控室发信。非 1E 级的蓄电池监控器是非抗震条件的。

(4) 非 1E 级蓄电池充电器

非 1E 级充电器可以输出恒定电压，并使输入和输出隔离，还有限流功能。其操作电压

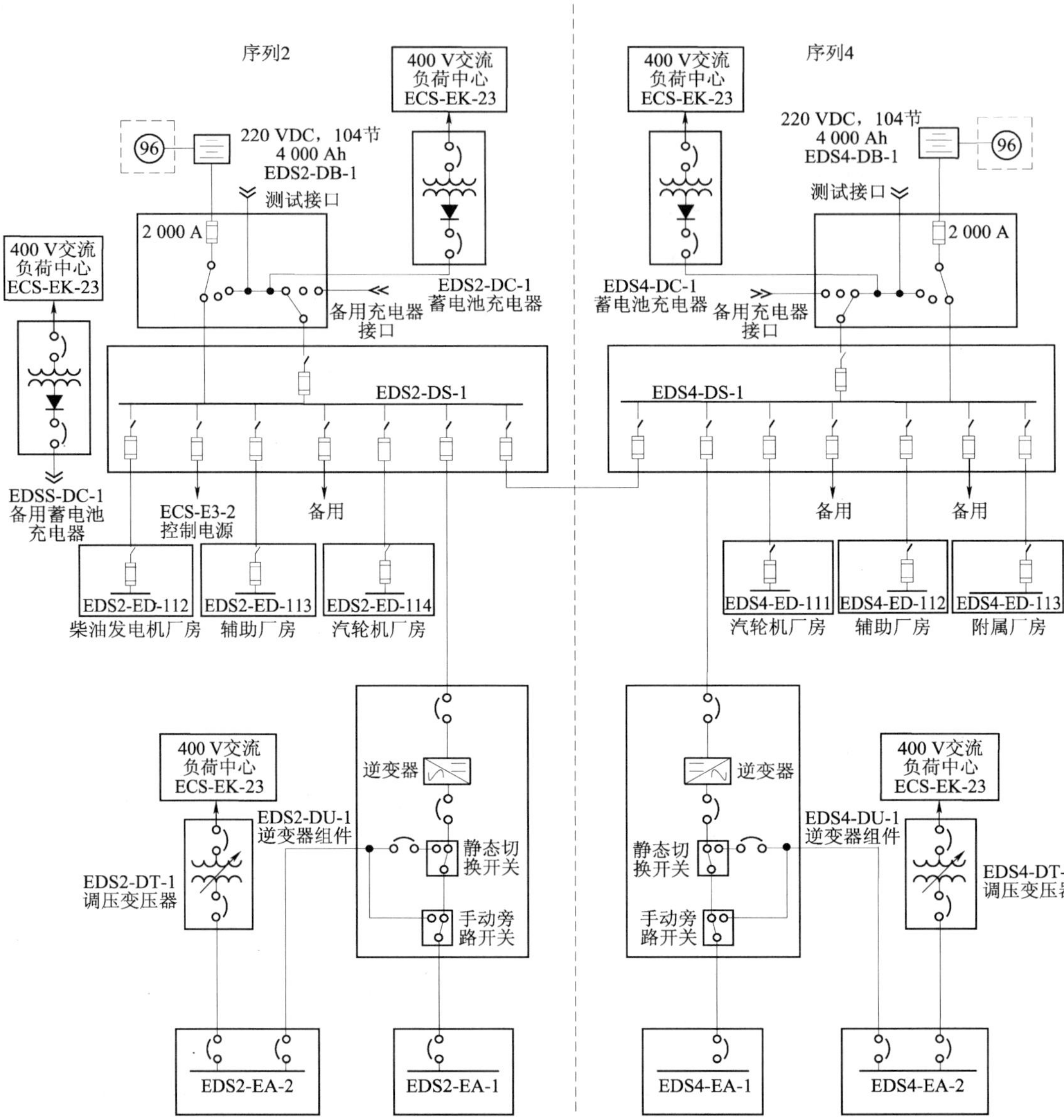

图 3-4-2 EDS 第二组简图

为 380 V，三相三线制，50 Hz，电压浮动范围为－20%～＋10%，频率浮动范围为±5%。充电器输出是不接地的 232 V（标称电压）。充电器由无载到满载时的电压调整范围为 230～234 V。均充电压为 242 V（每节 2.33 V）。

充电器能给额定容量直流负载供电，同时可以在 24 h 内使蓄电池由设计最小充电状态到 95%满充状态。装设自动限流装置，当直流侧过载或者短路时，限制其电流在 110%～125%额定电流范围内。充电器的输入端都有抑止电涌设备。每个充电器都能在充电器交流电源失去后防止电流倒送。

（5）非 1E 级 UPS 系统

UPS 系统电压是单相 50 Hz 交流 220 VAC，电压稳定范围为幅值±2%，频率±0.5 Hz。

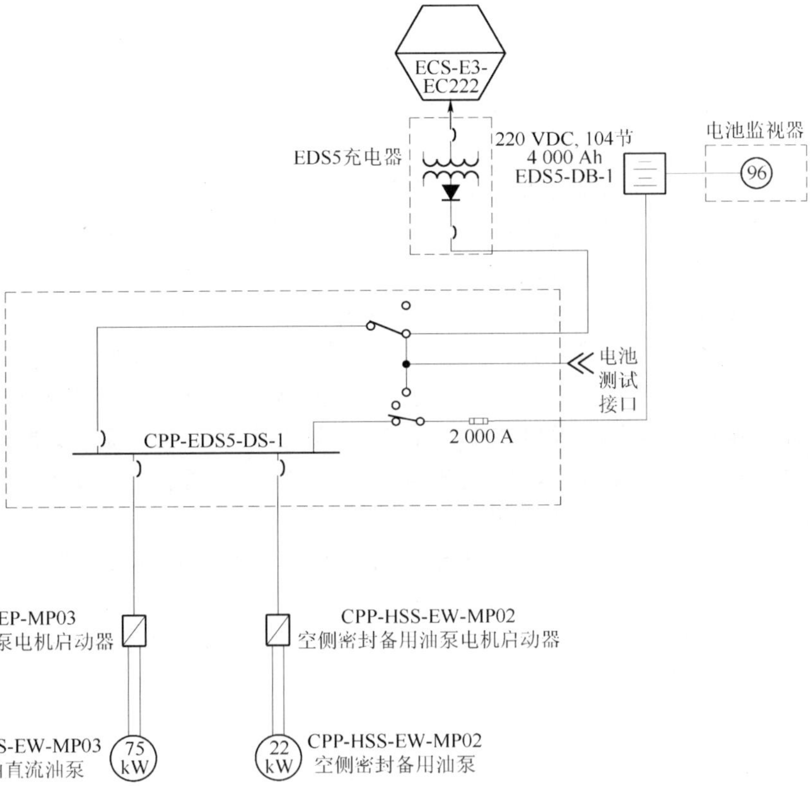

图 3-4-3　EDS5 简图

非 1E 级逆变器为电站仪表、控制和检测提供非安全级的不间断电源，它的额定容量为 50 kVA(功率因数 0.8)，输入电压范围为直流 176～264 V，输出单相 220 V 交流 50 Hz，并配有静态转换开关和手动旁路开关。输入端装有金属氧化物电阻式电涌抑止器以防止瞬变电流或电压对逆变器造成危害。逆变器由负温度系数型材料构成，以防止部件的加速热老化。逆变器安装在装设有空调且环境温度为 19.5～23 ℃的房间内，逆变器设计的工作温度可到 49 ℃，确保它在无空调的非正常工况下也能够正常运行(例如失去所有的交流电源)。内部电子元件的电源引自逆变器输出端。逆变器应有较低的谐波分量，且供电给非线性负载的峰值因数为 2 或者更大。

系统带有欠压/过压和低频/高频保护，每个调压变压器都有一个控制回路，在交流输入超出限值时断开输入侧的断路器。在逆变器和调压变压器的输入侧有抑止电涌设备。

(6) 非 1E 级 220 V 交流配电盘

区别于 220 V UPS 交流配电盘，配电盘 EDS1-EA-2、22，EDS2-EA-2、22，EDS3-EA-2、22、23 是由旁路调压变压器供电。EDS4 的 UPS 还处于详细设计中。

3.4.4　系统运行

EDS 系统在正常运行期间(包括启动、满功率运行、停堆和换料在内)不需要手动操作。当现场或非现场的交流电源可用时，EDS 通过蓄电池充电器为负载提供直流 220 V 和交流 220 V 不间断电源。蓄电池充电器的 380 V 交流输入电源由厂内备用柴油发电机作为备用的380 V电机控制中心提供，输出直流220 V到直流母线和相关的逆变器。逆变器又给仪控母线提供220 V交流不间断电源。蓄电池组设计能够在线均充。通过冗余母线跨接断路器(cross-tie breakers)连接，可以为在换料期间对蓄电池组和蓄电池充电器进行离线维护。

正常运行时，蓄电池充电器处于浮充电运行方式。即充电器给所连直流母线上的负荷供电，且给蓄电池组一定的浮充电流。当充电器输出电流不能满足尖峰负荷要求(直流电机启动，直流阀门动作)时，由直流蓄电池组补足缺额。蓄电池充电器的交流电源一旦失效，电池组将自动为负载提供电能，当交流电源恢复后，蓄电池充电器将自动为负载提供直流电源，并为蓄电池组充电。另外，当充电器故障时可用非1E级备用充电器替换。

正常情况下，逆变器为UPS供电，如果逆变器故障，UPS自动从调压变压器获得电源，UPS负载从调压变压器获得电源时没有蓄电池组作为后备。当逆变器恢复正常供电后，UPS负载通过手动切换到逆变器，逆变器在维护时，也可通过手动切换UPS电源到调压变压器，并在维护完成后手动切换到正常运行状态。

如果失去厂外电，同时主发电机跳闸，由厂内备用柴油发电机提供交流电源给蓄电池充电器。一个备用的非1E级蓄电池充电器可以替代故障充电器或需要维护或均充的蓄电池充电器运行。备用的非1E级蓄电池充电器装设于附属厂房的EDS间。

3.4.5 保护和控制

非1E级直流系统都有短路和过载保护措施。可以在短路故障时防止蓄电池意外放电。非1E级直流系统为220 V不接地系统。单一接地故障并不会立即引起事故。直流子系统的接地故障检测和报警系统可以及时检测并排除。

UPS分支电路在配电屏上设有过流保护，逆变器装设有金属氧化物可变电阻以减小瞬态现象对设备的损害。

配置保护：过电流保护，过压和低压保护，高频和低频保护。

3.4.6 技术参数

EDS总体设计参数，见表3-4-1。

表3-4-1 EDS总体设计参数

项 目	参 数 值
系统输入	380 VAC±10%，3相，50 Hz
输入电源	380 VAC电机控制中心(MCCs)，厂内备用柴油发电机作为(MCCs)备用电源
系统输出电压(直流)	220 V，不接地系统
直流输出电压范围	192～242 VDC
UPS输出电压	220 VAC，单相，50 Hz
UPS输出电压范围	220 VAC±2%
设计温度	25 ℃

复习思考题

1. 三门核电一期工程厂用电切换有哪三种方式？
2. AP1000负荷供电的基本原则是什么？
3. 备用柴油发电机主要包含哪些子系统？
4. IDS和EDS系统中的UPS都设置哪些保护？
5. EDS系统主要向哪些负荷供电？

第四章　主发电系统

4.1　主发电系统(ZAS)

4.1.1　基础知识

4.1.1.1　电气设备

在发电站装设有下列主要电气设备。

(1) 一次设备

直接生产和输配电能的设备称为一次设备。包括发电机、变压器、断路器、隔离刀闸、接触器、接地刀闸、母线、电力电缆、电抗器、避雷器、熔断器、电流互感器、电压互感器等。

(2) 二次设备

对一次设备的工作进行监察测量和控制保护的辅助设备称为二次设备。包括仪表、继电器、自动控制设备、信号设备及控制电缆等。

4.1.1.2　一次回路电气设备

(1) 断路器

高压断路器是电力系统最重要的控制和保护设备,它在电网中起两方面的作用。在正常运行时,根据电网的需要,接通或断开电路的空载电流和负载电流,这时起控制作用。而当电网发生故障时,高压断路器和保护装置及自动装置相配合,迅速、自动地切断故障电流,将故障部分从电网中断开,保证电网无故障部分的安全运行,以减少停电范围,防止事故扩大,这时起保护作用。对于它的基本要求是:具有足够的开断能力;具有尽可能短的动作时间和高度的工作可靠性;结构简单,便于操作和检修;具有防火和防爆性;尺寸和重量小;价格低。这些要求基本上可以用它的参数来表征,主要参数如下。

1) 额定电压:它是铭牌上标明的正常工作线电压,断路器可以长期在 1.1～1.15 倍额定电压下可靠地工作。额定电压主要决定于断路器的绝缘。

2) 额定电流:在环境温度不超过＋40 ℃的条件下,断路器容许长期通过的最大工作电流称为额定电流。

3) 额定开断电流和断流容量:它是表示断路器开断能力的参数。额定开断电流是断路器在额定电压下能够可靠开断的最大电流。由于额定开断电流和电压有关,所以开断能力常用它们的综合值——断流容量来表示:额定断流容量＝$\sqrt{3}$额定电压×额定开断电流。断路器的开断能力主要决定于其灭弧装置的结构,需要通过试验才能确定。

4) 开断(分闸)时间和合闸时间:它是表示断路器动作速度的参数。从分闸线圈通电起到触头分开为止的时间称为固有开断时间;从分闸线圈通电起到电弧熄灭、电路完全切断为止的时间称为全开断时间;开断时间决定于断路器的机械部分、操作机构和灭弧装置的结构。从合闸线圈通电起到触头接触为止的时间称为合闸时间。

高压断路器根据装设地点可分为屋内式和屋外式;根据所用灭弧介质的种类又可分为以下几类。

1）油断路器:利用绝缘油作灭弧介质。又可分为少油式和多油式两类。在少油式断路器中,油只用来灭弧而不作绝缘用;在多油式断路器中,油不仅作为灭弧介质,同时兼作带电部分之间和带电部分对接地的油箱之间的绝缘用,故用油量较大。

2）空气断路器:利用压缩空气灭弧和操作。

3）六氟化硫(SF_6)断路器:利用灭弧性能好、介质强度高的 SF_6 气体为灭弧介质,是一种新型断路器。

4）真空断路器:真空断路器结构简单,在一只抽真空的玻璃泡中放一对触头,由于真空的绝缘性,其灭弧性能特别好,可使动、静触头的开距非常小(10 kV 的约 10 mm,而断路器触头的开距约为 160 mm),所以真空断路器的体积和重量都很小,由于真空断路器的触头不会氧化,而且熄弧快,触头不易烧损,因此使用与频繁操作的场合,使用寿命比油断路器约高 10 倍。

断路器灭弧原理:各种交流断路器主要都利用电流过零这个有利条件来熄灭电弧的。一般的高压断路器如油、压缩空气,SF_6 等断路器,当出现电弧时,利用电弧能量将液体、固体介质分解成气体,或者依靠外来能源(如压缩空气、SF_6)通过喷口形成高速气流,当电流过零时,使电弧迅速熄灭,同时弧隙依靠上述介质使绝缘强度迅速恢复。真空断路器的灭弧室真空度为 $1.33\times10^{-6}\sim1.33\times10^{-2}$ Pa,当出现电弧后,由于周围真空而导致弧柱区的气体与周围有极大的压力差,致使弧柱等离子迅速向四周扩散,有利于触头间隙绝缘强度迅速恢复,加上弧柱的截面不仅随电流大小变化,而且在时间上几乎同步,因此电流过零时弧柱也随之迅速消失,再加上触头结构常带磁吹,强迫弧根在触头表面迅速运动,当电流过零时利用真空可使电弧迅速熄灭。

(2）隔离刀闸

隔离刀闸的主要用途是保证检修工作的安全,在需要检修的部分和其他带电部分间,用隔离刀闸构成足够大的明显可见的空气绝缘间隔(大于相与地间的绝缘距离)。

隔离刀闸没有灭弧装置,不能用来断开负荷电流和短路电流,否则会在它的触头间形成电弧,这不仅会损坏隔离刀闸,而且能引起相间短路。对工作人员也十分危险。因此,一般只有在电路已被断路器断开的情况下,才能闭合或断开隔离刀闸。

(3）母线

在发电厂和变电所中各级电压配电装置的母线,各种电器之间的连接以及发电机,变压器等电气设备与相应配电装置母线之间的连接,所有这些连接导线也统称为母线。母线的作用是汇集、分配和传送电能。

母线分类:矩形母线,槽形母线,水内冷母线,金属外壳封闭母线。

金属外壳封闭母线:将载流母线用金属外壳密封保护起来,并让金属外壳接地。三门核电厂的发电机至主变压器、厂变压器,主变压器至 500 kV GIS 站,厂变压器至各段中压母线,辅助变压器至中压母线都是金属外壳封闭母线。

金属外壳封闭母线又可分为离相封闭母线(IPB)和共箱封闭母线两种。离相封闭母线见图 4-1-1,共箱封闭母线间见图 4-1-2。

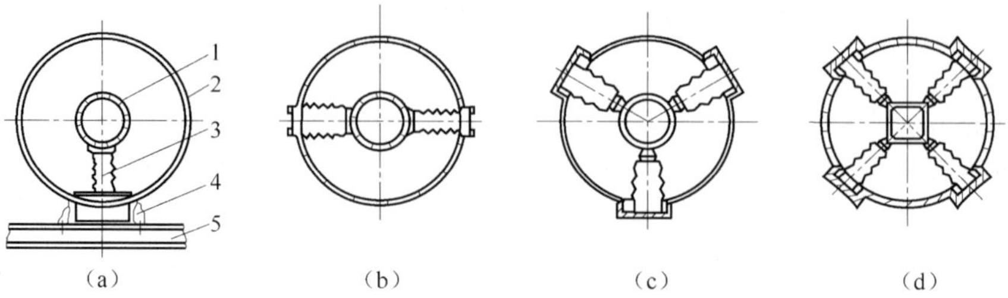

图 4-1-1 离相封闭母线结构示意图

(a) 单个绝缘子;(b) 两个绝缘子;(c) 三个绝缘子;(d) 四个绝缘子

1—母线导体;2—外壳;3—绝缘子;4—支座;5—三相支持槽钢

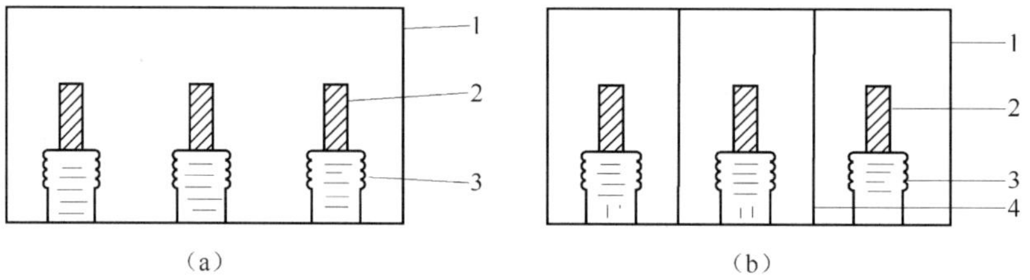

图 4-1-2 共箱封闭母线

(a) 共箱封闭母线;(b) 有隔板共箱封闭母线

1—外壳;2—母线;3—绝缘子;4—金属隔板

4.1.1.3 分裂绕组变压器

AP1000 的高压厂变压器(UAT)和辅助变压器(RAT)都是分裂绕组变压器。

(1) 结构特点

分裂绕组变压器是将普通双绕组变压器的低压侧绕组在电磁参数上分裂成两个完全对称的绕组,这两个绕组之间没有电的联系,而仅有磁的联系。为了获得良好的分裂效果,这种磁的联系(耦合)也是很弱的。两个分裂绕组的额定容量相等,低压侧的两个分裂绕组与不分裂的高压绕组之间的短路阻抗相等。两个分裂绕组的额定电压可以相同,也可以不相同。可以在同容量下运行也可以在不同容量下运行。厂变压器(UAT)简图见图4-1-3,三相双绕组分裂变压器的原理接线图见图 4-1-4。

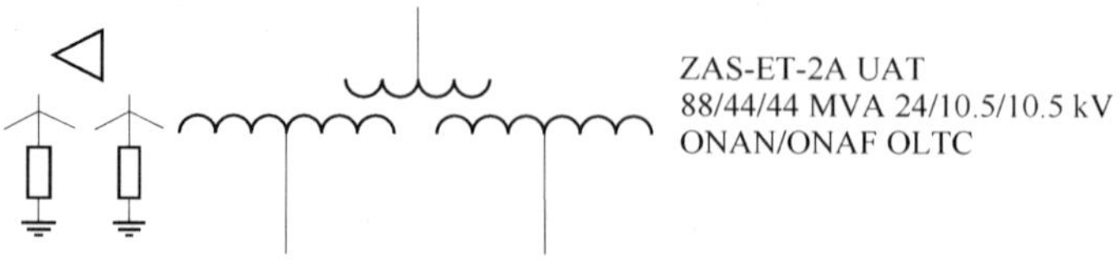

图 4-1-3 厂变压器(UAT)简图

(2) 分裂绕组变压器运行方式

1) 分裂运行

高压绕组不运行,两个低压绕组分裂绕组运行,低压绕组间有穿越功率。高、低压绕组

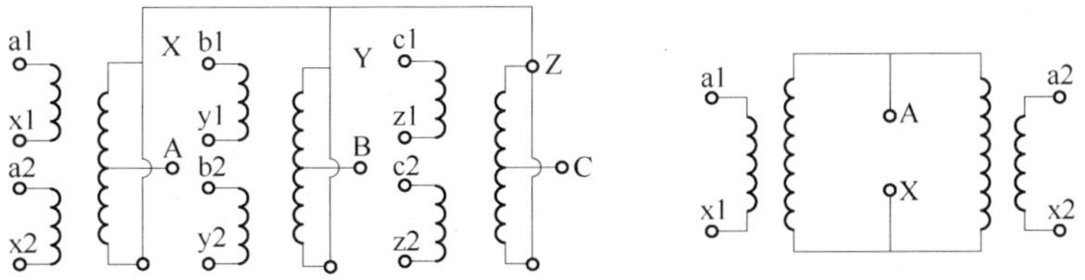

（a）　　（b）

图 4-1-4 三相双绕组分裂变压器

(a) 原理接线图;(b) 单相接线图

间无穿越功率。这种运行方式下,两个低压分裂绕组间的短路阻抗称为分裂阻抗。

2）穿越运行

高、低压绕组运行,两个低压绕组并联,高、低压绕组间有穿越功率。这种运行方式下,高、低压绕组间的短路阻抗称为穿越阻抗。

3）半穿越运行

高压绕组和其中一个低压绕组运行,另一个低压绕组开路。这种运行方式下,高、低压绕组间的短路阻抗称为半穿越阻抗。

4.1.1.4 变压器冷却方式

冷却方式的标志

对于干式变压器,冷却方式的标志按 GB6450 的规定。如 AN——干式自冷式。

对于油浸式变压器,用四个字母顺序代号标志其冷却方式,各字母的含义见表 4-1-1。

表 4-1-1 油浸式变压器四字母冷却方式

第一个字母表示与绕组接触的内部冷却介质	
O	矿物油或燃点不大于 300 ℃合成绝缘液体
K	燃点大于 300 ℃的绝缘液体
1	燃点不可测出的绝缘液体
第二个字母表示内部冷却介质的循环方式	
N	流经冷却设备和绕组内部的油流是自然的热对流循环
F	冷却设备中的油流是强迫循环,流经绕组内部的油流是热对流循环
D	冷却设备中的油流是强迫循环,(至少)在主要绕组内的油流是强迫导向循环
第三个字母表示外部冷却介质	
A	空气
W	水
第四个字母表示外部冷却介质的循环方式	
N	自然对流
F	强迫循环(风扇、泵等)

一台变压器规定有几种不同的冷却方式时,在说明书中和铭牌上,应给出不同冷却方式下

的容量值，以便在某一冷却方式及所规定的容量下运行时，能保证温升不超过规定的限值。在最大冷却能力下的相应容量便是变压器的(或多绕组变压器中某一绕组的)额定容量。不同的冷却方式一般是按冷却能力增大的次序进行排列。如：ONAN/ONAF 变压器装有一组风扇，在大负载时，风扇可投入运行，在这两种冷却方式下，油流均按热对流方式循环。

4.1.1.5 变压器的调压方式

调压方式有无励磁调压和有载调压两种。无励磁调压时，变压器的各绕组与电源断开，在无励磁情况下变换绕组的分接头；有载调压时，变压器二次是在带负载的情况下进行变化绕组分接头的。一般情况下，是在高压绕组上抽出适当的分接头的。

4.1.2 系统功能与组成

主发电系统将汽轮机的动能转换为电能且升压后通过输电线路供给电网，并且通过降压供电给厂内负荷。

主发电系统由发电机，主变压器(MSUT)，发电机出口断路器(GCB)，离相母线(IPB)，厂变压器(UAT)，辅助变压器(RAT)，共箱 (non-segregated) 母线组成。

4.1.3 系统运行

4.1.3.1 启动

当厂外电源(包括 500 kV 优先电源和 220 kV 辅助电源)可用时，机组可以启动。启动期间，厂内负荷是由 500 kV 优先电源通过主变压器、厂变压器倒送电供电。当汽轮机冲转至额定转速，投入励磁，建立发电机空载电压，同期装置检测满足同期条件(电压、频率、相位三者相同)时，合上 GCB 并网，汽轮发电机组带上负荷。

4.1.3.2 正常运行

通过汽轮机控制和诊断系统(TOS)的控制，与 ZVS 的调节下，发电机正常运行，维持机端电压稳定，向电网发出有功功率和无功功率，并给厂用负荷供电。

4.1.3.3 正常停机

正常停机时，机组功率降低到初始负荷时，机组解列(跳开 GCB)，最后断开励磁开关。停机后，厂内负荷由 500 kV 优先电源通过主变压器、厂变压器倒送电供电，当主变压器或者厂变压器故障时，也可由 220 kV 辅助电源供电给厂内负荷。

4.1.3.4 电厂异常工况运行

(1) 反应堆和汽轮机跳闸工况

当反应堆停堆和汽轮机跳闸时，发电机解列，厂用负荷由 500 kV 优先电源倒送电供电。

如果在正常运行期间，汽轮机跳闸：发电机将以同步转速以同步电动机运行(直至逆功率保护动作(至少 15 s)跳开 GCB)。同步电动机运行期间，机端电压由 ZVS 维持，直至发电机低电压或者过励磁时跳闸。

如果机组处于孤岛运行(只带厂用负荷)期间，汽轮机跳闸。汽轮发电机将利用转子存储的能量惰转，维持给厂用负荷(包括主泵)供电。惰转时间至少维持 3 s，机端电压由 ZVS 励磁系统维持，直至发电机低电压或者过励磁时跳闸。

（2）失去厂外电

当失去 500 kV 优先电源和 220 kV 辅助电源，且发电机孤岛运行不成功，则由厂内备用柴油发电机带载 ES1，ES2 母线上的特定负载。

4.1.4　发电机

发电机额定容量为 1 407 MVA，端电压为 24 kV。本型发电机为三相交流隐极式同步发电机。发电机由定子、转子、滑环、端盖、轴承、油密封装置、冷却器及其外罩、出线盒、引出线、磁套端子及内部监测系统等部件组成。发电机采用整体全封闭、内部氢气循环，定子绕组水内冷、定子铁芯及端部结构件氢气表面冷却、转子绕组气隙氢气内冷的冷却方式。发电机定、转子绕组均采用 F 级绝缘。配有自并励励磁系统及发电机氢、油、水控制系统。

4.1.4.1　发电机规格书

发电机规格书见表 4-1-2。

表 4-1-2　发电机规格书

项目	单位	设计参数值	备注
发电机类型		水平布置，圆柱形转子，旋转磁场，防爆，水-氢-氢冷汽轮发电机	
额定容量	MVA	1 407	冷却水：38 ℃
额定功率	MWe	1266.3	
最大连续容量	MVA	1 412	冷却水：25 ℃
功率因数		0.9	滞后
额定电压	kV	24	
额定电流	A	33 847	
频率	Hz	50	
极对数		2	
额定转数	r/min	1 500	
冷却系统		定子线圈：水冷 定子铁芯：氢冷 转子：氢冷	
氢气压力	MPa(g)	0.55	
短路电流比		0.59	
定子绕组连接方式		双星形	
励磁系统		静态	
励磁器额定功率	kW	5 950	
绝缘等级		定子绕组：F 转子绕组：F	
定子出线端子数		6	
中性点接地方式		接地变压器带二次电阻	
氢气冷却器		一个冷却器（四部分）	容量：100％功率，所有冷却器运行 90％功率，一部分冷却器退出

4.1.4.2 发电机结构

下面各图只作为参考。分别为:图 4-1-5 发电机结构简图,图 4-1-6 发电机转子结构图,图 4-1-7 多级轴流风扇,图 4-1-8 发电机定子防振结构,图 4-1-9 水电接盒简图,图 4-1-10 定子槽和端部结构,图 4-1-11 定子绕组端部结构,图 4-1-12 定子槽内部结构。

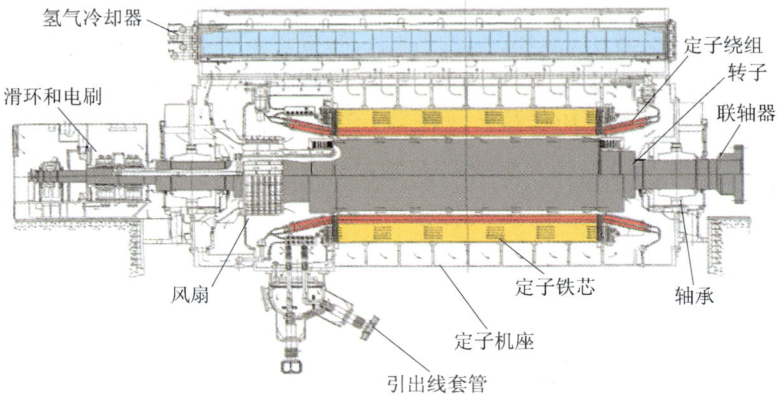

图 4-1-5 发电机结构简图

图 4-1-6 发电机转子简图

图 4-1-7 多级轴流风扇

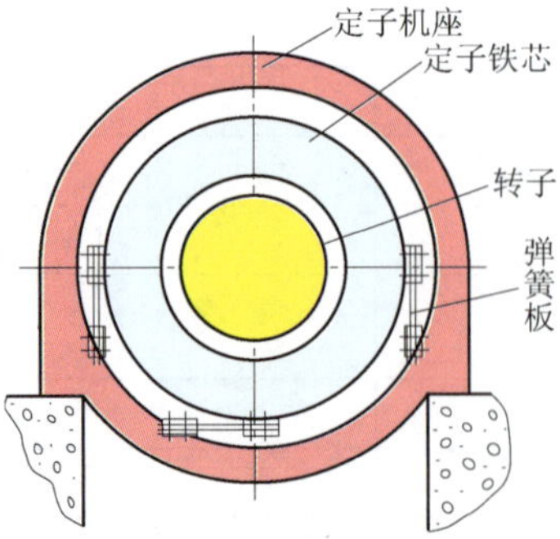

图 4-1-8 发电机定子防振结构

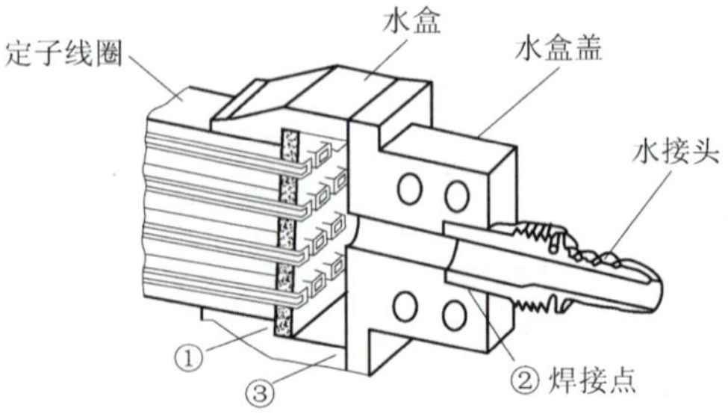

图 4-1-9 水电接盒简图

图 4-1-10 定子槽和端部结构

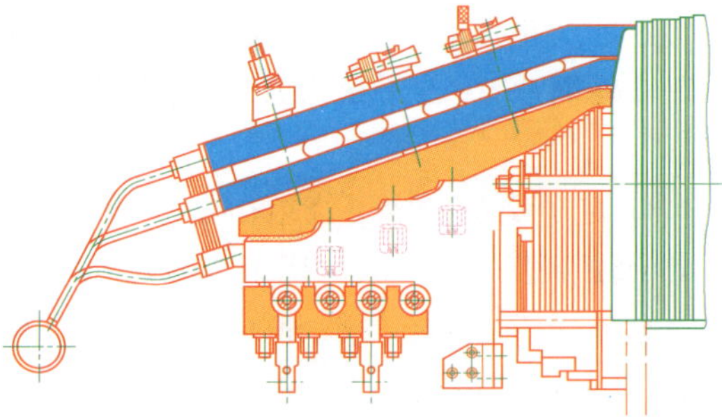

图 4-1-11 定子绕组端部结构

(1) 转子

转子由转轴、激磁绕组及其端部绝缘固定件、阻尼系统、护环、中心环、风扇、联轴器等构成。转子的主要部件是由单一合金锻造而成。转子线圈端部由滑动型护环支撑，与转子本体热套安装。转子护环采用 Mn18Cr18 合金钢材质护环材料。转子的作用是在转子励磁绕组中输入直流电流后产生磁场，以便在定子绕组中感应交流电动势。

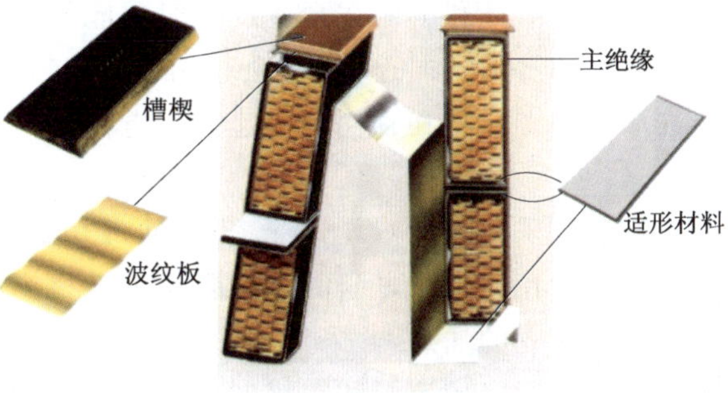

图 4-1-12 定子槽内部结构

1) 转轴。发电机转子转轴用高强度高导磁的镍铬钼钒(Ni-Cr-Mo-V)整体合金锻钢制成。转轴本体设有嵌线槽。为有效提高材料利用率，转子嵌线槽采用开口半梯形，以增大槽内导体截面，降低转子铜耗。滑环装在发电机的末端。汽轮机/发电机的联轴器是一体的。

2) 转子绕组。转子线圈采用高强度精拉含银铜排制造。转子绕组上表面开设有两个阻尼槽，槽内置放通长的高抗拉强度阻尼铜条，铜条和护环用于吸收负序电流。

3) 绕组护环。转子护环由高强度无磁性合金锻钢(Mn18Cr18)制成。转子护环的前端热套在转子本体端部，后端与中心环热套在一起。当转子按规定超速时，护环与转子本体和中心环之间仍有足够的配合公盈。同时，在护环与转子本体和中心环的配合处均设有环键，用以防止轴向位移。

4) 风扇。滑环侧装有六级风扇，用以驱动发电机内的氢气循环冷却发电机。转子风扇由风扇座，环叶片组成。风扇座环由高强度合金锻钢制成，并被热套在转轴上。风扇叶片由高强度铝合金锻成，并按规定的扭转角固定在风扇座环上。

(2) 定子

定子是由铁芯、定子绕组、机座、端盖以及固定这些部分的其他部件组成。

1) 定子机座。定子机座用以固定及支持定子铁芯及绕组，为钢板焊接结构，强度按能承受 2 倍工作氢压设计。机座的密封性要求必须满足气体泄漏率测试。100 MW 以上的汽轮发电机，机座与铁芯皆采用弹性连接来隔振，以防止铁芯振动损坏机座焊缝及其基础的坚固性。

2）定子铁芯。定子铁芯是构成发电机磁回路和固定定子绕组的部件。为了减少磁滞和涡流损耗，采用磁导率高、损耗小、厚度为0.5 mm或者0.35 mm的硅钢片叠压而成。现代大容量汽轮发电机为有效降低铁芯轭部损耗、节约硅钢片和减小电机尺寸，多采用有方向性冷轧硅钢片，由若干扇形片组成整圆。为了减少涡流损耗，电机铁芯冲片表面必须涂绝缘漆。

3）定子绕组。定子绕组由定子线棒、定子绕组槽内固定结构、定子绕组端部固定结构和定子绕组引线等构成。绕组为双层结构，绕组间绝缘通过环氧树脂。

定子线棒由空心导线和实心导线组合构成，材料为外包玻璃丝的铜线。空心导线通冷却水，带走定子热量。为了减小由于定子端部漏磁引起的环流，采用绕组单匝线圈，并采用特殊的换位结构，从而保证线圈间的电流平衡。

（3）滑环和外罩

滑环的材质为碳钢，通过绝缘装置安装在转轴上。滑环滑动部分和电刷上开有螺旋槽，这些槽能使滑环和电刷在高速旋转时仍能保持紧密接触。通过风扇实现外罩和滑环之间的通风和冷却。滑环通过转轴中心内部的径向石墨和轴向石墨与励磁线圈连接。径向石墨通过锥形渐缩螺纹与和轴向石墨连接。电刷通过导磁型的刷握支撑。

（4）油密封装置

发电机采用双流双环式油密封，油密封装置装在发电机两端端盖内，其作用是通过双流双环式密封瓦与轴颈之间的油膜阻止发电机内的氢气外逸。双流即在密封瓦的氢气侧和空气侧各设独立的油路，并采用平衡阀使两路油压维持均衡，严格的控制两路油流互相串流，从而减少了氢气的流失和空气对机内氢气的污染。双环即密封瓦在空侧进油处沿轴向分成两个独立的环，空侧油使两环胀开，并分别推向密封瓦座的两个侧面，从而使密封瓦两侧与密封瓦座侧面靠紧，减少由瓦座间的间隙造成的密封油损失。为防止密封瓦环随转轴振动，在环上设置止动键、使之切向定位于密封瓦座内。

（5）冷却器

发电机机座顶部布置了冷却器，分四个部分。设计为100%功率，所有冷却器运行。当一个部分冷却器退出，90%功率运行。

（6）其他部分

发电机设有6个圆筒形出线盒，3个为主出线盒，3个为中性点出线端子。发电机设有完善的监测温度、振动、对地绝缘电阻及漏水、漏油检测系统。在机座两侧设有相应的测量端子，同时配置有在线检测设备，例如定子铁芯温度监测、轴承温度监测、转子振动监测、对地绝缘监测等。装有24个电流互感器，12个装于出线侧，12个装于中性点侧，用于发电机保护和相关的设备。

4.1.4.3 发电机运行

（1）基本特性曲线。见图4-1-13。

基本特性曲线是发电机在转速和功率因数恒定的条件下，定子端电压、电流以及励磁电流的关系。这些曲线既表示发电机的性能，又可用来测取发电机的某些参数。汽轮发电机的特性曲线主要有：空载特性，三相稳态短路特性，负载特性，外特性以及调整特性。

空载特性表示额定转速以及定子开路状态下，发电机定子端电压U_0（或感应电动势

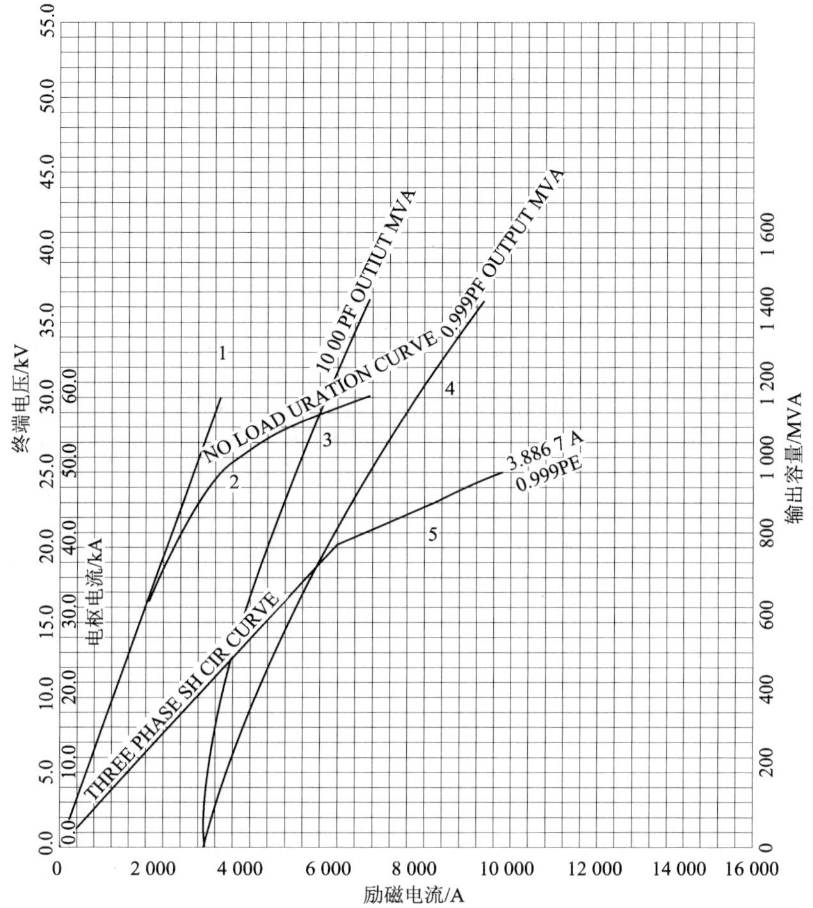

图 4-1-13　发电机基本特性曲线

E_0)与励磁电流 I_f的关系。根据空载特性可求得发电机空载端电压超过额定值时的励磁电流值,并可用空载及三相稳定短路特性求得发电机同步电抗及短路比重要参数。

负载特性表示发电机在额定转数、功率因数不变及定子电流在额定值时,定子电压与励磁电流的关系。如图曲线 3,曲线 4 表示不同功率因数的曲线。

三相稳态短路特性简称短路特性,表示发电机定子绕组三相稳态短路时,定子绕组电流与励磁电流的关系 $I=f(I_f)$。由于发电机定子绕组电阻远小于其电抗值,故短路电流可认为是纯感性的,电枢反应磁势为去磁磁势,电机磁路呈不饱和状态。$I=f(I_f)$是一条直线,如图中曲线 5 所示。

注释和说明:

曲线 1—气隙线;

曲线 2(NO LOAD CURRENT CURVE)—空载特性曲线($E_0=f(I_f)$);

曲线 3(1.0PF OUTPUT (MVA))—负载特性曲线(功率因数 1.0,输出容量(MVA));

曲线 4(0.9PF OUTPUT (MVA))—负载特性曲线(功率因数 0.9,输出容量(MVA));

曲线 5(0.95PF THREE PHASE SH CURRENT CURVE)—3 相短路特性曲线 $I=f(I_f)$。

（2）$P—Q$图，见图 4-1-14。

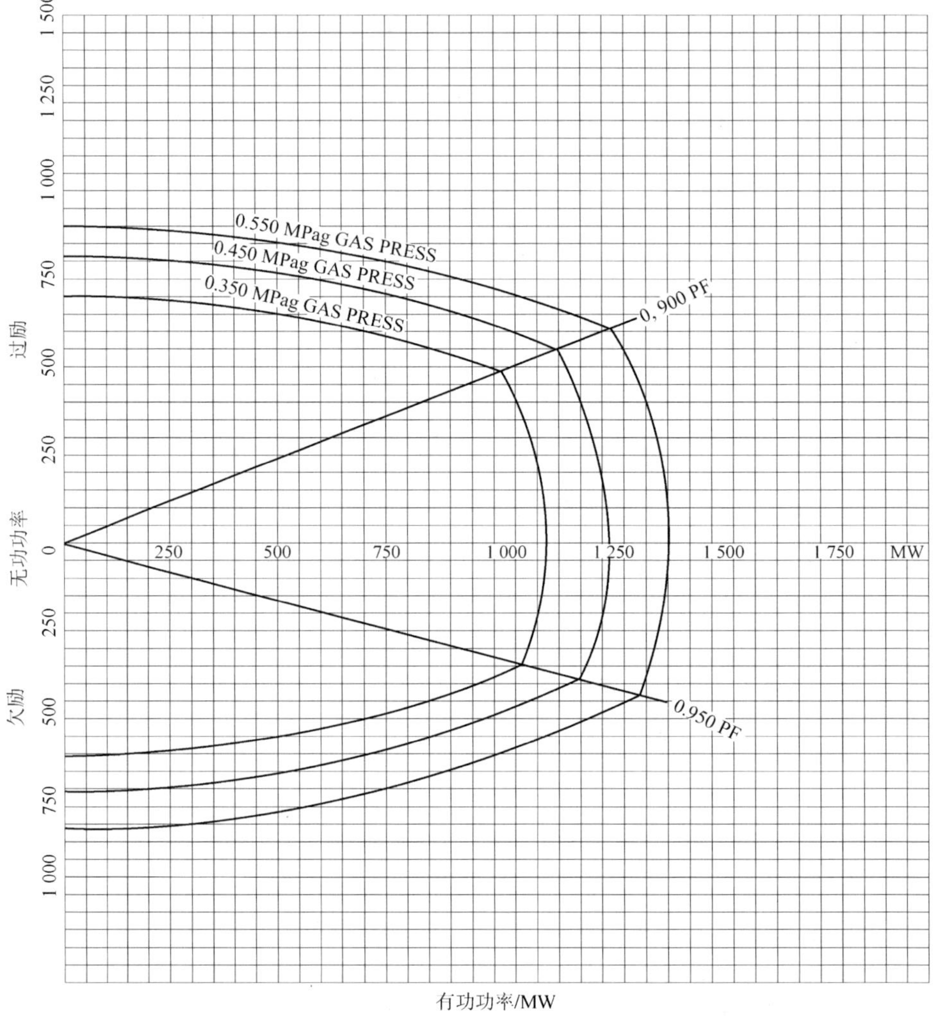

图 4-1-14 发电机 $P—Q$ 图

由图可见，对于不同的氢压，有不同的运行区域。运行人员应控制发电机组运行点在相应区域内。

在 ZVS 系统详细介绍了 $P—Q$ 图各条线的含义。一般来说，低于额定功率因数运行时，受转子温升限制，即励磁电流不得超过额定值。高于额定功率因数运行时，转子温升已不是限制因素，这时，定子铁芯端部区域因漏磁轴向分量加大、铁芯端部结构部件局部过热往往成为限制因素。

4.1.5 主变压器(MSUT)，厂变压器(UAT)，辅助变压器(RAT)

（1）主变压器(MSUT)是三个单相双绕组升压变压器，两台机组有一个备用的单相升压变压器。ODAF—强迫油循环导向风扇冷却，装有 4 组冷却器，三用一备。调压类型：

OCTC——无励磁调压，调压范围单相：$(535/\sqrt{3})\pm2\times2.5\%$ kV。

(2) AP1000一台机组设置两台分裂绕组厂变压器(UAT)，每台厂变压器设置8组风扇，无备用风扇。ONAN——油浸空气自然冷却方式(容量的67%下使用)，ONAF——油浸风冷。调压类型：OLTC——有载调压。

调压范围：231(－12～＋4)×1.25% kV

(3) 辅助变压器(RAT)也是两台分裂绕组变压器。每台辅助变压器设置8组风扇，无备用风扇。冷却类型：ONAN——油浸空气自然冷却方式(容量的67%下使用)。ONAF——油浸风冷。调压类型：OLTC——有载调压。

调压范围：24±8×1.25% kV。

表4-1-3列出了MSUT，UAT，RAT的主要参数。

表4-1-3　MSUT，UAT，RAT的主要参数

变压器	容量/MVA	变比/(kV/kV)	连接组别	中性点接地方式	调压类型(高压侧)	冷却类型
MSUT	484×3	$535/\sqrt{3}/24$	YN，d11	直接接地	OCTC	ODAF
UAT	88/44/44	24/10.5/10.5	D，yn1yn1	低压侧经低电阻接地	OLTC	ONAF/ONAN
RAT	88/44/44	220/10.5/10.5	YN，yn0yn0＋d	高压侧直接接地，低压侧经低电阻接地	OLTC	ONAF/ONAN

4.1.6　发电机出口断路器(GCB)

发电机出口断路器用于发电机正常并网和解列，在故障情况下断开故障电流。我厂GCB采用ABB的SF_6型断路器。基本参数如下。

(1) 户内型、金属封闭、水平布置、利用封闭母线的风冷装置强迫风冷。采用SF_6作为绝缘介质和灭弧介质

(2) 额定电压：252 kV

(3) 额定开断电流交流分量有效值：210 kA (在最高运行电压下)

(4) 额定电流：40 000 A(环境温度40 ℃，冷却风流量4 m^3/s，冷却温度60 ℃)

(5) SF_6 额定压力(20 ℃)：0～56 MPa

(6) 如母线强迫冷却系统故障，发电机断路器可以在以上额定电流条件下继续运行10 min，之后每分钟降容1 000 A

(7) 发电机在24 000 A(40 ℃)以下运行时GCB可采用自冷方式，即风冷系统故障停运时发电机可继续运行

GCB的结构简图如图4-1-15所示，单相结构图见图4-1-16。

4.1.7　离相封闭母线(IPB)

IPB连接发电机、GCB、MSUT、UAT高压侧、励磁变压器、接地变压器和PT/SA柜。采用全连式，带空气干燥装置，强迫风冷，冷却水来自TCS系统。在IPB的主回路和各支路

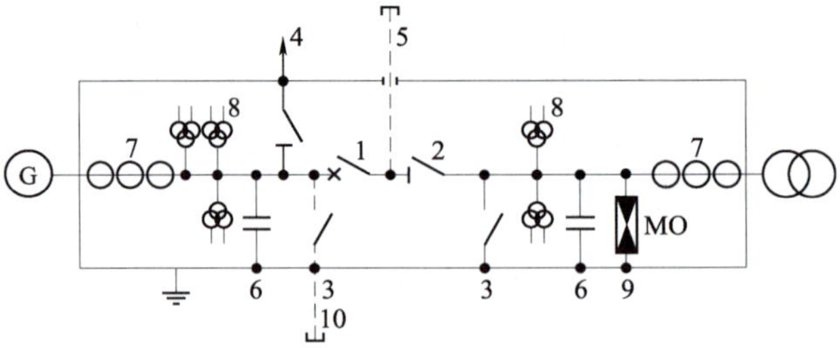

图 4-1-15 GCB 简图

1—发电机断路器；2—主回路隔离开关；3—接地开关；4—启动开关用于 SFC 连接；
5—手动短路连接（移动盖子）；6—冲击电容器；7—电流互感器；8—电压互感器；
9—避雷器；10—电动操作的短路连接（仅配置了接地开关的 HECS 适用）

图 4-1-16 GCB 单相结构图

装设外壳短路板，并在回路首末端通过短路板可靠接地，以构成三相壳间的回路，目的使被母线电流感应的外壳电流与母线电流形成相反的通路，使封闭母线壳外的磁通相互抵消而不产生磁场并消除邻近钢结构的感应电流。三门核电厂发电机至主变压器和厂变压器高压侧就是离相封闭母线（IPB）。厂变压器低压侧至各段中压母线，辅助变压器至中压母线是共箱封闭母线。

4.1.8 保护

AP1000 的发变组保护采用双重化配置，选用两套智能微处理器的数字继电器，两套保护装置分别定义为通道一和通道二，用以实现对发电机、主变压器、IPB、高压厂变压器和辅助变压器的保护。保护的双重化配置满足以下要求。

（1）两套微机继电保护装置（包括出口跳闸回路）完整、独立安装在各自的屏内，之间没有任何电气联系。当运行中的一套保护因异常需退出或检修时，不影响另一套保护的正常运行。

（2）每套保护装置均配置完整的主保护，后备保护及异常保护，能反映被保护设备的各种故障运行状态。

（3）每套装置的交流电压和交流电流取自互相独立的电压互感器和电流互感器绕组，保护范围应交叉重叠，没有死区。

（4）直流小空气开关，直流电源监视回路以及出口跳闸回路完全独立，在保护柜上的安装位置也相对独立。汽轮发电机保护

表 4-1-4 列出了汽轮发电机保护配置。

表 4-1-4　发电机变压器组保护配置

通道一保护配置	通道二保护配置
发电机保护	
差动(87G)	差动(87G)
定子 95%接地(59GN)	定子 95%接地(59GN)
定子 100%接地(27TN)	定子 100%接地(64G)
电压限制过流(51VG)	电压限制过流(51VG)
阻抗保护(21G)	阻抗保护(21G)
突加电压保护(50/27G)	突加电压保护(50/27G)
定子过负荷(49G)	定子过负荷(49G)
转子表层过负荷(46G)	转子表层过负荷(46G)
定子过电压(59G)	定子过电压(59G)
逆功率(32G)	逆功率(32G)
过激磁(24G)	过激磁(24G)
断路器失灵保护(50BFG)	断路器失灵保护(50BFG)
失步(78G)	失步(78G)
失磁(40G)	失磁(40G)
频率异常(81G)	频率异常(81G)
转子一点接地(64F)	转子一点接地(64F)
励磁变压器保护	
励磁变压器差动(87ET)	励磁变压器差动(87ET)
励磁变压器速断(50ET)	励磁变压器速断(50ET)
励磁变压器过流(51ET)	励磁变压器过流(51ET)
IPB 保护	
24 kV 母线接地(59GMT)	24 kV 母线接地(59GMT)
主变压器保护	
主变压器差动(87MT)	主变压器差动(87MT)
主变压器高压侧线路差动(87L)	主变压器高压侧线路差动(87L)
主变压器高压侧分侧差动保护(87GDMT)	主变压器高压侧分侧差动保护(87GDMT)
主变压器过激磁(24MT)	主变压器过激磁(24MT)

续表

通道一保护配置	通道二保护配置
主变压器保护	
主变压器高压侧闪络(61T)	主变压器高压侧闪络(61T)
主变压器零序过流(51GMT)	主变压器零序过流(51GMT)
主变压器过流(51/50MT)	主变压器过流(51/50MT)
厂变压器保护	
厂变压器差动(87UTA、87UTB)	厂变压器差动(87UTA、87UTB)
厂变压器高压侧过流(51UTA,51UTB)	厂变压器高压侧过流(51UTA,51UTB)
厂变压器高压侧负序过流(46UTA,46UTB)	厂变压器高压侧负序过流(46UTA,46UTB)
厂变压器电流速断(50UTA,50UTB)	厂变压器电流速断(50UTA,50UTB)
厂变压器过负荷(49UTA、49UTB)	厂变压器过负荷(49UTA、49UTB)
厂变压器低压侧零序差动(87GDUTA,87GDUTB)	厂变压器低压侧零序差动(87GDUTA,87GDUTB)
厂变压器低压 Y 侧零序过流(51GUTAY、51GUTBY)	厂变压器低压 Y 侧零序过流(51GUTAY、51GUTBY)
厂变压器低压 X 侧零序过流(51GUTAX、51GUTBX)	厂变压器低压 X 侧零序过流(51GUTAX、51GUTBX)
辅助变压器保护	
辅助变压器 220 kV 侧线路电流速断(50RT)	辅助变压器 220 kV 侧线路电流速断(50RT)
辅助变压器 220 kV 侧线路过流(51RT)	辅助变压器 220 kV 侧线路过流(51RT)
辅助变压器 220 kV 侧断路器失灵(50BFRT)	辅助变压器 220 kV 侧断路器失灵(50BFRT)
辅助变压器过激磁(24RTA、24RTB)	辅助变压器过激磁(24RTA、24RTB)
辅助变压器差动保护(87RTA、87RTB)	辅助变压器差动保护(87RTA、87RTB)
辅助变压器过负荷(49RTA、49RTB)	辅助变压器过负荷(49RTA、49RTB)
辅助变压器低压侧零序差动(87GDRTA、87GDRTB)	辅助变压器低压侧零序差动(87GDRTA、87GDRTB)
辅助变压器低压侧零序过流(51GRTA、51GRTB)	辅助变压器低压侧零序过流(51GRTA、51GRTB)
辅助变压器速断(50RTA、50RTB)	辅助变压器速断(50RTA、50RTB)
辅助变压器高压侧过流(51RTA、51RTB)	辅助变压器高压侧过流(51RTA、51RTB)
辅助变压器高压侧负序过流(46RTA、46RTB)	辅助变压器高压侧负序过流(46RTA、46RTB)
辅助变压器低压 Y 侧零序过流(51GRTAY、51GRTBY)	辅助变压器低压 Y 侧零序过流(51GRTAY、51GRTBY)
辅助变压器低压 X 侧零序过流(51GRTAX、51GRTBX)	辅助变压器低压 X 侧零序过流(51GRTAX、51GRTBX)
变压器非电量保护(单通道配置)	
主变压器瓦斯(轻、重);厂变压器瓦斯(轻、重);辅助变压器瓦斯(轻、重)	
主变压器压力释放;厂变压器压力释放;辅助变压器压力释放	
主变压器冷却器故障;厂变压器冷却器故障;辅助变压器冷却器故障	
主变压器绕组温度;厂变压器绕组温度;辅助变压器绕组温度	
主变压器油温;厂变压器油温;辅助变压器油温;	
主变压器油位; 厂变压器油位;辅助变压器油位	
厂变压器有载调压开关瓦斯(轻、重);辅助变压器有载调压开关瓦斯(轻、重)	
励磁变压器温度	

机组保护装置的11种跳闸方式动作与触发信号(表4-1-5)。

表 4-1-5 11种跳闸方式动作与触发信号

跳闸后动作	触发跳闸的保护
跳闸方式 1(Trip1:全停)	
• 跳500 kV断路器1; • 跳500 kV断路器2; • 跳发电机出口断路器; • 跳10 kV工作进线断路器(共6个); • 跳汽轮机主汽门; • D—AVR逆变灭磁(跳发电机磁场断路器); • 闭锁500 kV断路器1合闸; • 闭锁500 kV断路器2合闸; • 闭锁发电机出口断路器合闸; • 闭锁10 kV工作进线断路器合闸(共6个); • 闭锁磁场断路器合闸; • 启动10 kV厂用电源快速切换(共6个); • 启动500 kV断路器失灵保护(共2个); • 闭锁线路重合闸	• 主变压器高压侧线路差动(87L); • 主变压器差动(87MT); • 主变压器分侧差动(87GDMT); • 主变压器过流(50/51MT),延时动作; • 主变压器低压侧接地(59NMT),该保护在GCB分闸位置时有效,主变压器低压侧PT断线可闭锁此保护; • 零序过流(51GMT),延时动作; • 500 kV断路器闪络保护(61MT),该保护在500 kV任一断路器断开,且500 kV隔离开关处于闭合位置时有效; • 厂变压器A差动(87UTA); • 厂变压器A速断(50UTA); • 厂变压器低压侧零序差动(87GDUTA); • 厂变压器A高压侧过流(51UTA); • 厂变压器A高压侧负序过流(46UTA); • 厂变压器A低压Y侧零序过流(51GUTAY); • 厂变压器A低压X侧零序过流(51GUTAX); • 厂变压器B差动(87UTB); • 厂变压器B速断(50UTA); • 厂变压器低压侧零序差动(87GDUTB); • 厂变压器B高压侧过流(51UTB); • 厂变压器B高压侧负序过流(46UTB); • 厂变压器B低压Y侧零序过流(51GUTBY); • 厂变压器B低压X侧零序过流(51GUTBX)
跳闸方式 2(Trip2:全停不启动失灵)	
• 跳500 kV断路器1; • 跳500 kV断路器2; • 跳发电机出口断路器; • 跳10 kV工作进线断路器(共6个); • 跳汽轮机主汽门; • D—AVR逆变灭磁(跳发电机磁场断路器); • 闭锁500 kV断路器1合闸;	主变压器和厂变压器的非电量保护信号,如变压器瓦斯保护,绕组温度高等

续表

跳闸后动作	触发跳闸的保护
跳闸方式 2(Trip2:全停不启动失灵)	
• 闭锁 500 kV 断路器 2 合闸; • 闭锁发电机出口断路器合闸; • 闭锁 10 kV 工作进线断路器合闸(共 6 个); • 闭锁磁场断路器合闸; • 启动 10 kV 厂用电源快速切换(共 6 个); • 闭锁线路重合闸	主变压器和厂变压器的非电量保护信号,如变压器瓦斯保护,绕组温度高等
跳闸方式 3(Trip3:跳发电机)	
• 跳发电机出口断路器; • 跳汽轮机主汽门; • 跳发电机励磁断路器,AVR 逆变灭磁; • 闭锁发电机出口断路器合闸; • 闭锁励磁断路器合闸; • 启动发电机出口断路器失灵保护	• 发电机差动(87G); • 100%定子接地(27TN,64GN),延时触发(通道一配置的 100%接地保护为 27TN,通道二配置的 100%接地保护为 64GN); • 95%定子接地(59GN); • 发电机阻抗(21G),发电机出口 PT 断线(60FLG)可闭锁此保护; • 励磁系统保护,包括: a. 励磁变压器差动(87ET); b. 励磁回路速断(50E); c. 励磁回路过流(51E); d. 发电机转子接地(64E); e. 励磁系统本体故障; • 发电机过激磁(24G),包括定时限(DT)和反时限(RT)两种特性,发电机出口 PT 断线(60FLG)可闭锁此保护; • 发电机定子过电压(59G),同时发出报警信号; • 发电机低电压(27G),该保护仅在 GCB 合闸位置时有效,发电机出口 PT 断线(60FLG)可闭锁此保护,保护动作时发出报警信号; • 负序过流(46G); • 电压限制过电流(51VG),发电机出口 PT 断线(60FLG)可闭锁此保护; • 发电机过负荷(49G); • 突加电压(50/27G),该保护仅在 GCB 分闸位置时有效,发电机出口 PT 断线(60FLG)可闭锁此保护; • 发电机失磁(40G),延时动作,发电机出口 PT 断线(60FLG)可闭锁此保护; • 发电机低频(81G),该保护仅在 GCB 合闸位置有效; • 发电机逆功率保护(32G),该保护仅在 GCB 合闸位置时有效,发电机出口 PT 断线(60FLG)可闭锁此保护,保护延时动作

续表

跳闸后动作	触发跳闸的保护
跳闸方式 4（Trip4：跳 500 kV 断路器）	
• 跳 500 kV 断路器 1； • 跳 500 kV 断路器 2； • 闭锁 500 kV 断路器 1 合闸； • 闭锁 500 kV 断路器 2 合闸； • 启动 500 kV 断路器失灵保护（共 2 个）； • 闭锁线路重合闸	• 主变压器过流（50/51MT），保护延时动作； • 主变压器过激磁（24MT），包括定时限（DT）和反时限（RT）两种特性，（定时限不用于保护动作）该保护在 GCB 分闸位置时有效，500 kV 侧 PT 断线可闭锁此保护； • 零序过流（51GMT），保护延时动作； • 失步（78G），发电机出口 PT 断线（60FLG）可闭锁此保护； • 过频率（81G）
跳闸方式 5（Trip5：顺序跳闸，发电机跳闸不启动失灵）	
• 跳发电机出口断路器； • 跳发电机励磁断路器，AVR 逆变灭磁； • 闭锁发电机出口断路器合闸； • 启动汽轮机顺序跳闸（1）； • 启动汽轮机顺序跳闸（2）	• 汽轮机跳闸信号； • 励磁断路器与 GCB 后备保护任一动作； • GCB 处于合闸位置时，励磁断路器跳闸； • 发电机失去定子冷却水（2/3），保护逻辑延时动作； • 励磁系统保护，与触发 Trip3 的励磁系统保护信号相同
跳闸方式 6（Trip6：500 kV 断路器失灵）	
• 跳发电机出口断路器； • 跳 10 kV 厂变压器进线断路器（共 6 个）； • 跳汽轮机主汽门（包括主汽门、顺序跳闸（1）、顺序跳闸（2），共 3 个）； • 跳发电机励磁断路器，AVR 逆变灭磁； • 闭锁发电机出口断路器合闸； • 闭锁 10 kV 厂变压器进线断路器合闸（共 6 个）； • 闭锁励磁断路器合闸； • 启动 10 kV 中压母线快切（共 6 个）	• 只要 500 kV 断路器失灵保护被触发，500 kV 隔离开关处于合闸位置并且满足断路器失灵保护逻辑时，Trip6 才被触发。500 kV 断路器失灵保护动作后，会启动发电机出口断路器的失灵保护
跳闸方式 7（Trip7：500 kV 断路器和发电机断路器联跳）	
• 跳 10 kV 厂变压器进线断路器（6 条中压母线，共 6 个）； • 闭锁 10 kV 厂变压器进线断路器合闸（共 6 个）； • 启动 10 kV 中压母线快切（共 6 个）	需同时满足以下条件： • GCB 处于分闸位置； • 500 kV 隔离开关处于合闸位置； • 500 kV 断路器 1 跳闸并且 500 kV 断路器 1 跳闸保护已经投入超过延时 t； • 500 kV 断路器 2 跳闸并且 500 kV 断路器 2 跳闸保护已经投入超过延时 t 500 kV 断路器 1 或 2 的跳闸保护可以通过试验开关选择性的投入。跳闸方式主要用于发电机没有并网，通过 500 kV 线路和主变压器向电厂倒送电时的保护

续表

跳闸后动作	触发跳闸的保护
跳闸方式 8(Trip8:发电机出口断路器失灵)	
• 跳 500 kV 断路器 1; • 跳 500 kV 断路器 2; • 跳 10 kV 厂变压器进线断路器(共 6 个); • 闭锁 500 kV 断路器 1 合闸; • 闭锁 500 kV 断路器 2 合闸; • 闭锁 10 kV 厂变压器进线断路器合闸(共 6 个); • 启动 10 kV 中压母线快切(共 6 个); • 启动 500 kV 断路器失灵保护(共 2 个); • 闭锁线路重合闸	在 GCB 的失灵保护被启动以后,只要满足以下条件之一,失灵保护被触发: • 三相任一相过流; • 负序电流 在失灵保护被触发以后,首先延时 t_1 触发 Trip3,再次跳 GCB,延时 t_2 才会触发 Trip8
跳闸方式 9(Trip9:跳辅助变压器,启动断路器失灵)	
• 跳 220 kV 断路器; • 跳 10 kV 辅助变压器进线断路器(共 8 个); • 闭锁 220 kV 断路器合闸; • 闭锁 10 kV 辅助变压器进线断路器合闸(共 8 个); • 启动 220 kV 断路器失灵保护	• 辅助变压器 220 kV 侧电流速断(50RT); • 辅助变压器 220 kV 侧过流(51RT); • 辅助变压器 220 kV 侧零序过流(51NRT); • 辅助变压器 220 kV 侧负序过流(46RT); • 辅助变压器过激磁(24kT); • 220 kV 母差保护动作; • 辅助变压器 A 差动(87RTA); • 辅助变压器 A 高压侧速断(50RTA); • 辅助变压器 A 低压侧零序差动(87GDRTA); • 辅助变压器 A 对称过负荷(49RTA),包括定时限(DT)和反时限(RT)两种特性,(定时限不用于保护动作); • 辅助变压器 A 高压侧过流(51RTA); • 辅助变压器 A 高压侧负序过流(46RTA); • 辅助变压器 A 高压侧零序过流(51GRTA); • 辅助变压器 A 低压 X 侧零序过流(51GRTAX); • 辅助变压器 A 低压 Y 侧零序过流(51GRTAY); • 辅助变压器 B 差动(87RTB); • 辅助变压器 B 高压侧速断(50RTB); • 辅助变压器 B 低压侧零序差动(87GDRTB); • 辅助变压器 B 对称过负荷(49RTB),包括定时限(DT)和反时限(RT)两种特性,(定时限不用于保护动作); • 辅助变压器 B 高压侧过流(51RTB); • 辅助变压器 B 高压侧负序过流(46RTB); • 辅助变压器 B 高压侧零序过流(51GRTB); • 辅助变压器 B 低压 X 侧零序过流(51GRTBX); • 辅助变压器 B 低压 Y 侧零序过流(51GRTBY)

续表

跳闸后动作	触发跳闸的保护
跳闸方式 10(Trip10:跳辅助变压器不启动失灵)	
· 跳 220 kV 断路器; · 跳 10 kV 辅助变压器进线断路器(共 8 个); · 闭锁 220 kV 断路器合闸; · 闭锁 10 kV 辅助变压器进线断路器合闸(共 8 个)	辅助变压器的非电量保护信号,如瓦斯保护,绕组温度高等
跳闸方式 11(Trip11:辅助变压器 220 kV 断路器失灵)	
· 跳 220 kV 断路器; · 闭锁 220 kV 断路器合闸; · 启动 220 kV 母差保护	在 220 kV 断路器的失灵保护被启动之后,还需满足以下条件,断路器失灵保护才会被触发: · 220 kV 断路器处于合闸状态; · 220 kV 侧线路三相任一相过流,或者 220 kV 侧线路负序或零序电流超过定值并经过一定延时 条件满足后,220 kV 断路器失灵保护经 t_1 延时输出至 220 kV 母线差动保护出口并触发 Trip11,经 t_2 延时触发 220 kV 母线差动保护
上述的 11 种跳闸方式,除触发相应的保护动作外,还会将信号输送到以下 4 个用户: · DAS:数据采集系统; · FR:故障录播器; · SOE:顺序记录器,用于事故后判断首发事件; · NCS:升压站计算机监控系统	

4.1.9　同期并网系统原理及控制

4.1.9.1　实现并网的方式

实现发电机并网的方式有两种:一种是准同期方式;一种是自同期方式。

准同期方式是将已经励磁的发电机在达到同期条件(发电机电压的频率、大小、相位分别和并列点系统侧电压的频率、大小、相位接近相同)后并入电网。

自同期方式是先将未励磁、接近同步速的发电机投入系统,然后给发电机加上励磁,利用原动机转矩、同步转矩把发电机拖入同步。自同期方式由于当发电机合闸时会从系统中吸收很大的无功电流而导致系统电压降低,同时合闸时的冲击电流较大,故很少采用,现在发电机的主要并网方式为准同期方式。

按自动化程度的不同,准同期方式还可以分为:

(1) 手动准同期——发电机的频率调整、电压调整以及合闸操作都由运行人员手动进行,只是在控制回路中装设了防止非同期合闸的检同期继电器。

(2) 半自动准同期——发电机电压及频率调整由手动进行,同期装置能自动检查同期条件,并选择适当的时机发出合闸脉冲。

(3) 自动准同期——同期装置能自动调整频率,至于电压调整,有些装置可以进行,有些装置则不具备此项功能,需要依靠 AVR 或由人员手动调整,同期装置能自动检查同期条件,并选择适当的时机发出合闸脉冲。

4.1.9.2 准同期并网

传统的准同期并网的理想条件是待并两侧电源有相同的相序，电压大小相等，频率和相位相等或十分接近。条件不满足时进行并网，会引起冲击电流或功率振荡等不良后果。在并网过程中出现的压差将导致无功性质的冲击，频差将导致有功性质的冲击，相角差则同时包含这两类性质的冲击。所谓的冲击实质上是并网瞬时待并两侧电源的功率交换。一台可满负荷持续运行的发电机组具有足够承受空载情况下功率交换的能力，对于很多机组或电厂并联运行的电网亦如此，因此没有必要把压差和频差控制在一个极小的数值上，因为这样做会延缓并网的时间，使并网困难，尤其是在机组的调速器和励磁调节器不太稳定时。但相角差这一指标要严格控制，因为并网瞬间大的相角差将会引起机组很大的振动，对转子轴系造成很大的损伤，且可能诱发电气系统与转子轴系的次同步谐振，即常说的扭振。实际上使用的准同期并列条件是压差、频差小于允许值且相角差接近零度。

目前电力系统的并网方式还可按两并列系统之间的关系分为差频并网和同频并网。差频并网是指两个电气上没有联系的电力系统并网，如发电机与电力系统并网。其特征是并列点两侧电源的电压、频率均可能不同，相角也在不断变化。同频并网是指待并两侧电源在电气上原已存在联系的两部分系统，通过并列点再连通，如合上3/2接线的中间串断路器。其特征是并列点两侧电源的电压幅值可能不相等，但频率相同，而且存在一个固定的相角差。

4.1.9.3 我厂自动准同期方式

三门1号机组采用自动准同期方式。同期的地点有两个，分别为通过发电机出口断路器(GCB)和外电网同期，或者通过500 kV GIS开关站3/2接线断路器进行同期操作。配置两套自动准同期装置，一用一备。同期装置示意图如图4-1-17所示。

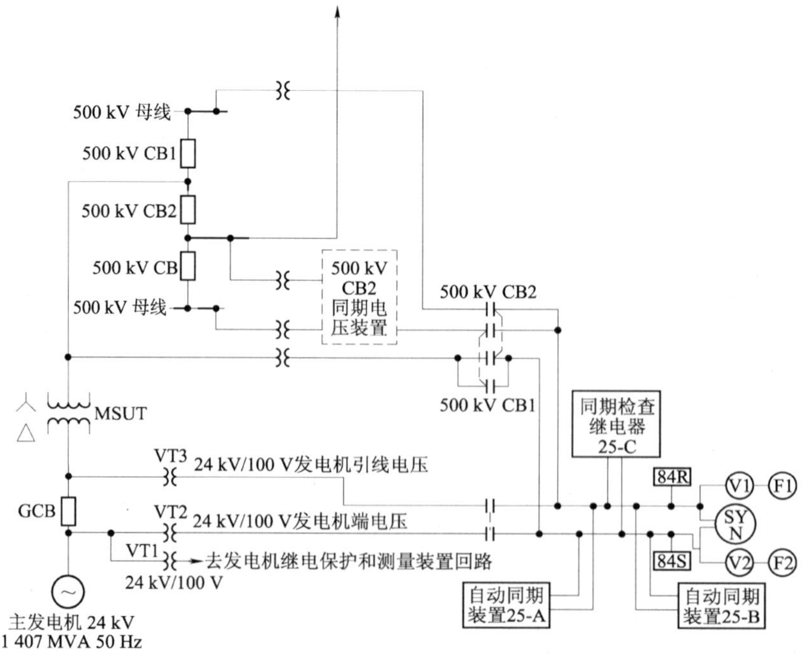

图4-1-17 同期装置示意图

4.2　励磁和电压调节系统(ZVS)

4.2.1　基础知识

4.2.1.1　励磁系统概述

发电机励磁系统是指向发电机提供可供调节的励磁电流以建立磁场的设备和装置的组合。通常由励磁电源设备(如直流励磁机、交流励磁机、励磁变压器及整流装置),手动、自动调节励磁装置,自动灭磁装置以及开关等设备和上述装置的控制、信号、测量仪表、保护等组成。

连接到电网上的有调节系统的同步发电机可用简图4-2-1表示。图中,同步发电机为被调节对象。其他部件则组成励磁调节器或者励磁系统。在并网运行时,电网会对闭环调节行为产生影响,也就是说,电网是一个外部扰动。

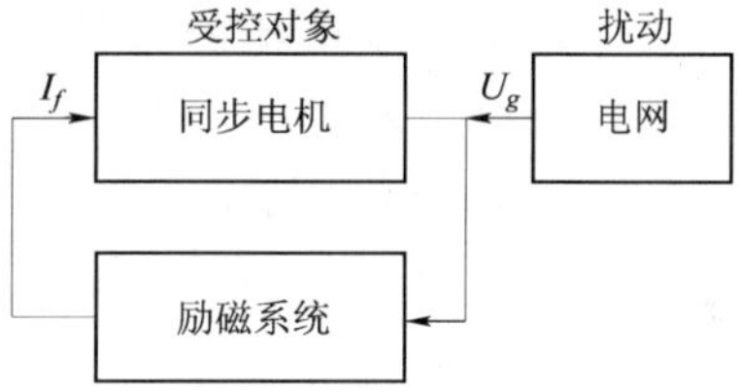

图4-2-1　调节回路方框图

4.2.1.2　励磁系统的主要作用

(1) 在正常情况下,根据发电机电压和负荷情况,按给定规律调整励磁电流,维持机端电压为给定水平。

(2) 使并列运行的发电机无功功率得到合理的分配。

(3) 电力系统发生短路事故或其他原因使发电机端电压严重下降时,能对发电机进行强行励磁,以提高电力系统的动态稳定极限和继电保护动作的准确性,改善大型电动机的自行启动和自同期时电力系统的工作条件。

(4) 在发电机突然甩负荷等原因造成发电机过电压时,能对发电机强行减磁,以限制发电机电压过度升高。

(5) 在发电机内部及其引出线上出现短路时,进行迅速灭磁以限制事故的扩大。

(6) 提高电力系统的静态稳定性和暂态稳定性。

4.2.1.3　自励式励磁系统

自励式励磁系统,也称全静止式励磁系统,它的励磁能源是从发电机端经励磁变压器并联方式或同时通过功率电流互感器串联方式取得,由静止整流器整流后供给发电机励磁。若仅由机端励磁变压器供电的称为自并励系统。同时由励磁变压器及串联变压器供电的称为自复励系统。

4.2.1.4　自励式励磁系统的特点

(1) 取消了励磁机,缩小了主机轴系长度,接线简单,造价低,维护方便且可靠性高,励磁系统本身不带噪声。

(2) 励磁系统具有高度响应速度。因为取消励磁机而采用励磁变压器,时间常数由前者的0.8 s缩小到后者的0.01～0.04 s,达到近似瞬时反应的程度。

(3) 发电机起励前,需起励装置。

(4) 发电机及其所连接的电力系统运行状态,对励磁系统工作影响较大。

(5) 由于静止整流后的电流仍然通过滑环和碳刷导入到旋转的转子绕组上，励磁系统容量仍受滑环极限容量的限制。

4.2.1.5 发电机 *P-Q* 运行图

发电机 *P-Q* 运行图见图 4-2-2。

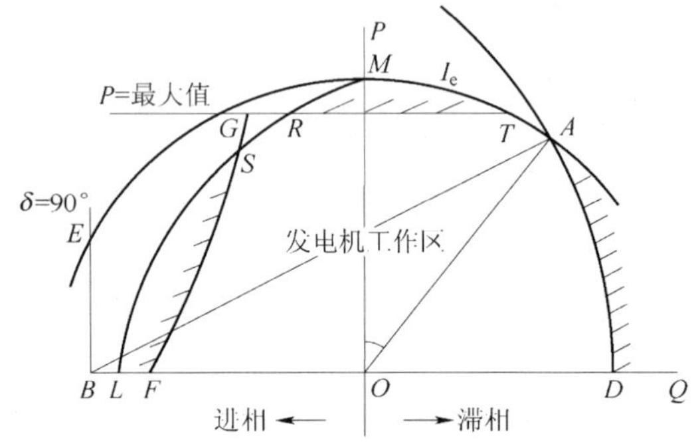

图 4-2-2 发电机 *P-Q* 运行图

发电机在功率因数偏离额定值时允许的工作区域示于上图闭合曲线 FODATRSF 的范围内。

DA 段由容许的励磁电流 I_{le} 所限制。在这段里，功率因数低于额定值，此时有功功率输出虽小，但由于受容许励磁电流的限制，不能按不超出定子电流的条件来送无功功率，因而定子绕组未能充分利用。

AT 段由容许的定子电流 I_e 所限制。在这段里功率因数高于额定值，虽然励磁电流还有余度，但受到额定定子电流的限制，转子绕组也无法充分利用。

TR 段由汽轮机的最大功率所限制，在这段里，按发电机定子电流来说，是可以按圆弧 AE 的限制来带有功负载的，但是受到汽轮机最大功率的限制，也无法充分利用。

RS 段由定子端部边段铁芯的温升所限制。这一段已处在功率因数进相的范围内，进相运行会使端部漏磁增加引起端部发热，容性无功具有助磁作用，使得发电机定子端部的轴向漏磁通增加，由于硅钢片的发热除了与磁通大小相关外，还与磁通的方向相关，因此进相运行引起定子端部铁芯发热。为了使该处温升不超过容许值，只能限值出力，ML 曲线是按此条件确定的。

SF 段由保证静态稳定的条件所限制。转入进相运行时，由于励磁电流的减少，功角 δ 增大，静态稳定性变差。图中 EB 线是 $\delta=90°$ 的极限线。考虑到适当的安全储备，运行范围应限制在 SF 界限之内。

4.2.1.6 电力系统稳定器(PSS)

PSS 用于提高电力系统阻尼、解决低频振荡，是提高电力系统动态稳定性的重要措施之一。PSS 是为抑制低频振荡而研究的一种附加励磁控制技术，在励磁电压调节器中，引入领先于轴速度的附加信号，抽取与此振荡有关的信号，如发电机有功功率、转速或频率，加以处理产生的附加信号加到励磁调节器中，产生一个正阻尼转矩，去克服原励磁电压调节器中产生的负阻尼转矩作用。

4.2.2 系统描述

该系统采用 ABB 公司的 UNITROL 6800 静态励磁系统。系统简图见图 4-2-3。

4.2.3 系统介绍

根据图 4-2-4 所示，UNITROL 6800 励磁系统的典型框图，整个系统可分为七个主要部分。

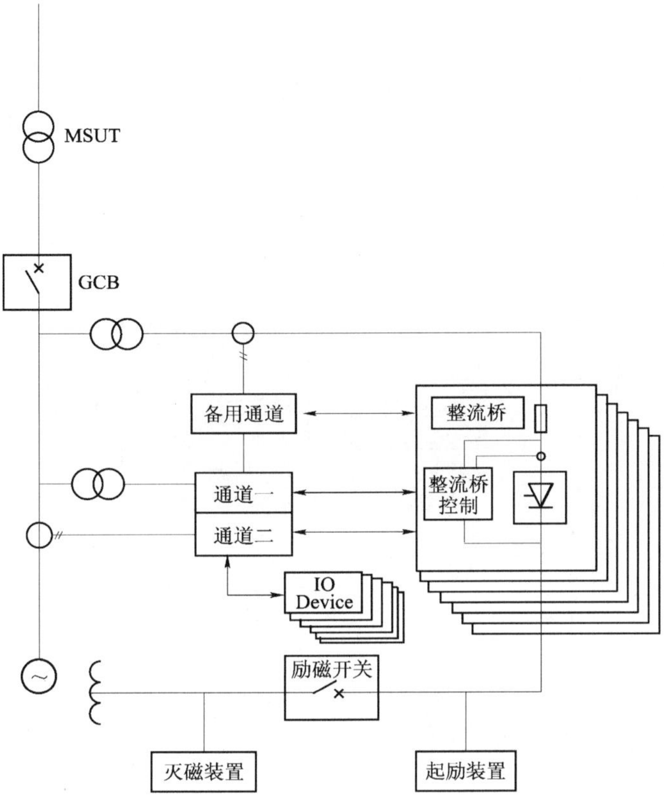

图 4-2-3 励磁系统简图

(1) 励磁功率变压器(EXT);

(2) 整流单元(DOC);

(3) 控制设备三通道(Chanel 1,2 and Back up);

(4) 起励单元 (From Aux ＃2);

(5) 轴滤波器(SHF);

(6) 灭磁设备(DEE);

(7) 接地故障继电器(GFR)。

在静态励磁系统中,励磁电源取自发电机机端,同步发电机的磁场电流由励磁变压器(EXT)、可抽插的 7 个可控硅整流桥(DOC)柜和磁场断路器(FCB)供给。

励磁变压器将发电机机端电压降低到可控硅整流桥所需的输入电压,为发电机机端电压和磁场绕组提供电气隔离以及为可控硅整流桥提供整流阻抗,可供硅整流桥将电流转换成受控的直流电流 I_f。

起励开始时,发电机的起励能量来自发电机残压,当可控硅整流桥的输入电压升到 10～20 V时,可控硅整流桥和励磁调节器就投入正常工作,由 AVR 控制进行软起励过程。

并网后,励磁系统可工作于 AVR 方式,调节发电机的端电压和无功功率。或工作于叠加调节方式,包括恒功率因数调节、恒无功功率调节方式。

此励磁调节器控制采用三通道结构,如图4-2-5所示,包括相互独立的双通道结构,每

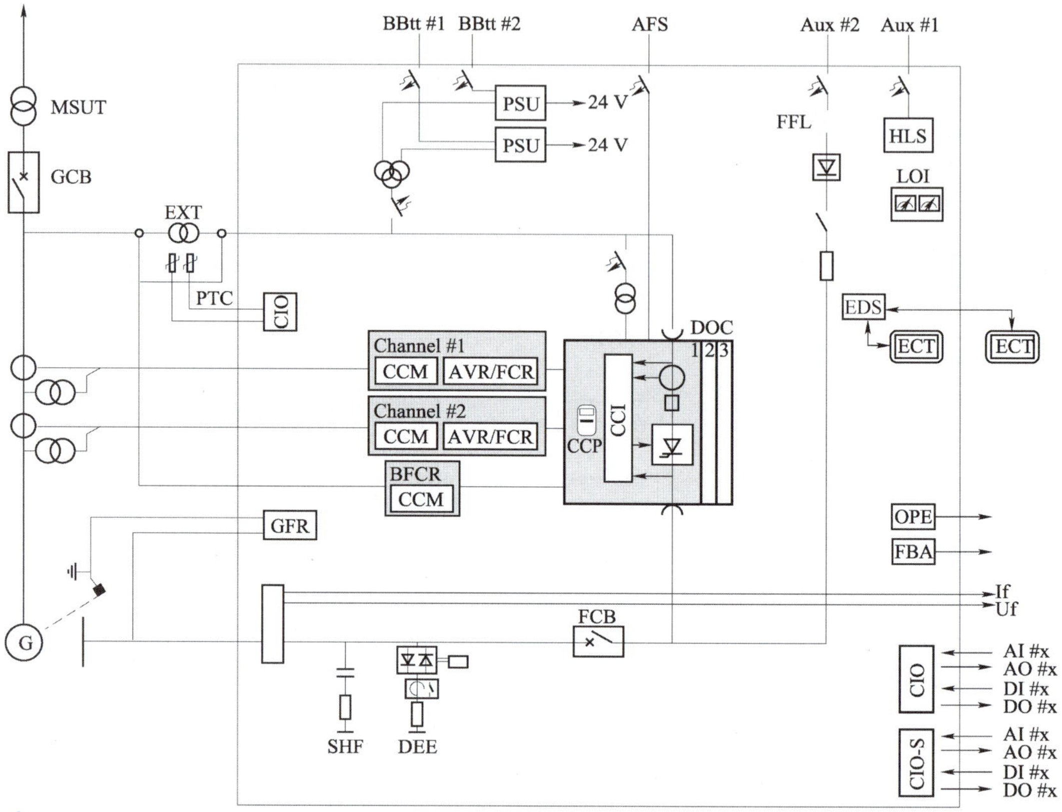

图 4-2-4 UNITROL 6800励磁系统典型框图

MSUT—主变压器；GCB—发电机出口断路器；EXT—励磁变压器；PTC—电压互感器；
CIO—输入输出设备；CCM—通讯、控制和测量设备；AVR/FCR—自动电压调节器/励磁电流调节器；
DOC—可抽插整流柜；PSU—电源模块；AFS—辅助风扇；FFL—起励；DEE—灭磁设备；
FCB—励磁断路器；SHF—轴(电压)滤波器；OPE—光纤以太网；
FBA—Fieldbus适配器；EDS—以太网设备开关；ECT—励磁控制终端

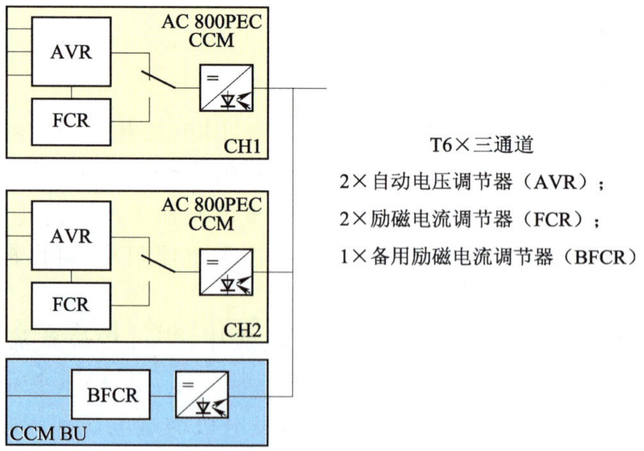

图 4-2-5 三通道励磁控制系统

个通道配备发电机端电压自动调节（AVR）、励磁电流调节（FCR）、励磁监视保护功能和编程控制逻辑软件。一个紧急备用通道——（BFCF）备用手动调节励磁电流，但手动通道不具备监测和保护功能。

灭磁设备的作用是将磁场回路断开并尽可能快的将磁场能量释放，系统采用直流侧灭磁。灭磁回路主要由磁场断路器、灭磁电阻、晶闸管跨接器及相关的触发元件组成。直流侧灭磁系统简图如图 4-2-6 所示。

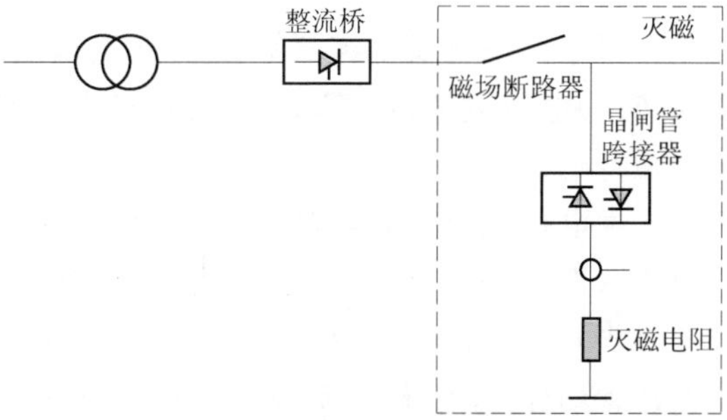

图 4-2-6　直流侧灭磁系统简图

4.2.4　主要设备

（1）励磁变压器

励磁系统包括 3 个单相干式变压器，空气自然冷却（AN）。绕组接线为 Y，d11，满足在发电机各种运行工况下励磁机组 1.1 倍的额定电压连续输出。变压器的主要参数见表 4-2-1。

表 4-2-1　变压器主要参数

项　目	参数值	项　目	参数值
类型	干式	短路电抗	＞8％
额定容量	3×6 500 kVA	绕组接线组别	YD11（HV/LV）
额定原边电压	24 kV	接地类型和抽头	中性点不接地
额定空载副边电压	1.324 kV	绝缘等级	F
额定频率	50 Hz	冷却方式	自然风冷（AN）
相数	3 个单相变压器		

（2）N-2 冗余的功率整流桥

由 7 个并联运行的整流桥组成了整流回路。系统具有 N-2 冗余（强励能力），N-3（正常励磁）。即 2 个整流桥故障，系统仍具备强励能力；3 个整流桥故障，仍具备正常励磁能力。晶闸管的通断时序由 AVR 控制晶闸管门极驱动板 GDI 来实现。三相全波整流典型图和 GDI 的原理接线图分别见图 4-2-7 和图 4-2-8。

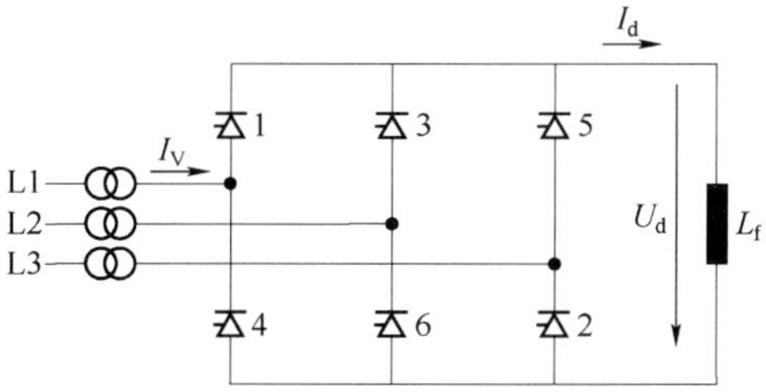

图 4-2-7　三相全波整流典型图

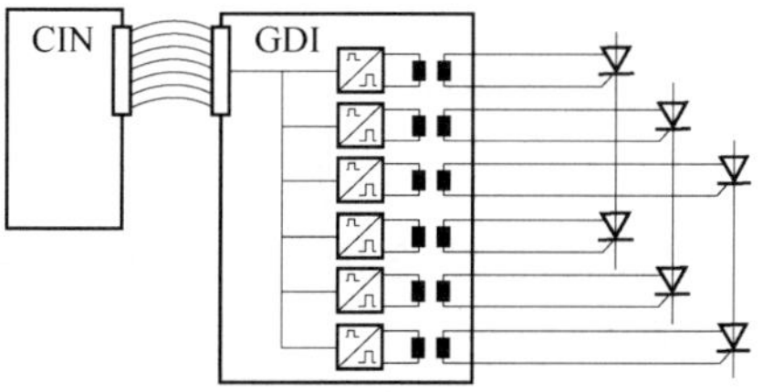

图 4-2-8　GDI 概貌

CIN—整流桥接口板；GDI—门极驱动板

4.2.5 系统运行

4.2.5.1 原理

当电力系统发生突然短路或突然增负荷时，发电机端电压突然下降，定子电流突然增加，自动电压调节器(AVR)使可控硅控制角迅速减少，可控硅处于全开放状态，对发电机进行强行励磁。

发电机甩负荷时，端电压突然升高，控制回路可使可控硅控制角迅速增大，可控硅处于逆变状态，对发电机进行强行减磁，有效地抑制发电机的电压升高。

当发电机出现内部短路时，由继电保护动作，通过控制回路使可控硅处于逆变状态，灭磁装置动作，将励磁电流接通灭磁回路(Crowbar 和非线性电阻)，励磁电流快速降至零。

4.2.5.2 控制方式

励磁系统正常运行由主控室控制。直接安装在励磁柜门上的就地控制面板仅在调试、试验或紧急控制时选用。UNITROL 6800 控制方式如图 4-2-9 所示。

励磁系统的控制方式：

(1) 控制室远方控制，命令以开关量形式发往励磁系统。

(2) 控制室用 ECT 远方控制，命令以开关量形式通过现场总线发往励磁系统。启动后 ECT 的典型界面如图 4-2-10 所示。

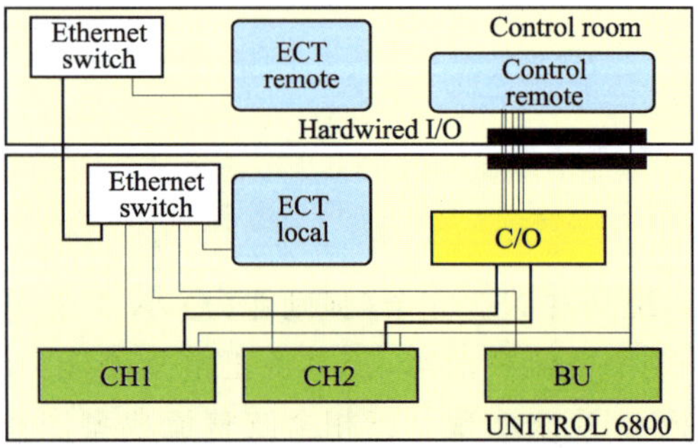

图 4-2-9 UNITROL 6800 控制方式

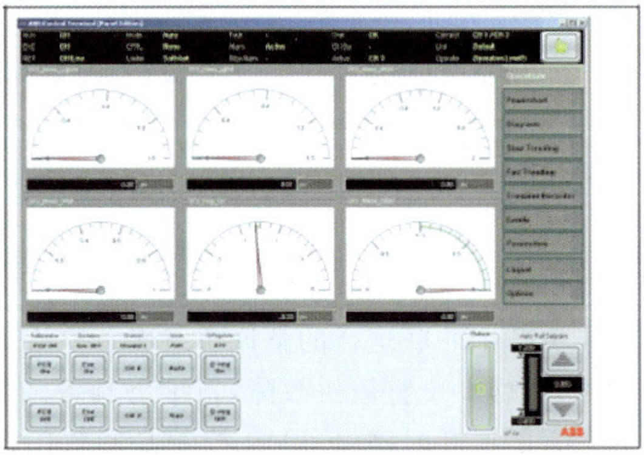

图 4-2-10 启动后 ECT 典型界面

(3) 就地控制单元(就地控制面板)ECT，进行就地控制。

4.2.5.3 励磁系统投入/退出流程

根据图 4-2-11 所示，投入励磁的顺序为：磁场开关合闸(FCB ON)—励磁投入(EXC ON)—发电机出口断路器合闸(并网)—带负荷运行调节；

起励的条件：

(1) 无分闸命令和跳闸信号；

(2) FCB ON (励磁磁场开关开关合闸)；

(3) 发电机转速大于 90%额定值；

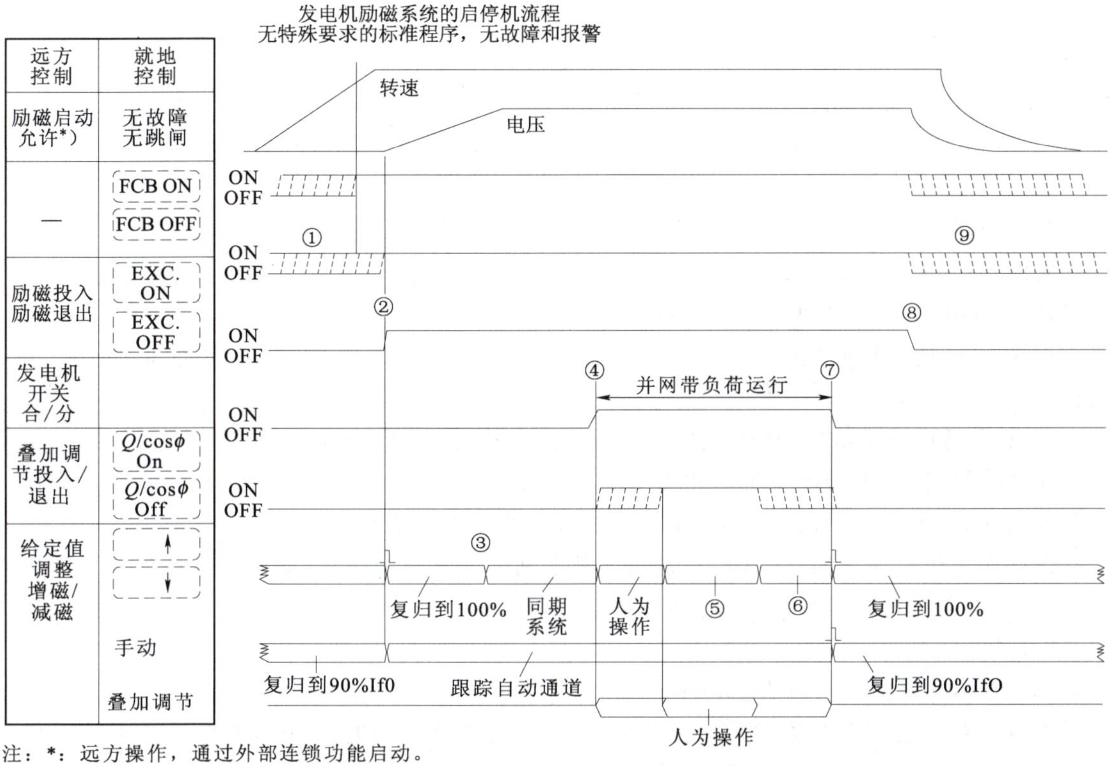

注：*：远方操作，通过外部连锁功能启动。

图 4-2-11　励磁系统投入/退出流程

(4) 利用残压起励或者需要初励电源(发电机初次励磁或者长时间停机后启动)。

退出顺序：发电机出口断路器分闸(解列)—励磁退出(EXC OFF)—磁场开关分闸(FCB OFF)。

励磁退出命令 EXC OFF 用于立即切断发电机励磁。励磁系统整流桥切换到逆变运行(磁场能量反馈)，灭磁电阻与转子绕组并联，发电机通过整流桥和灭磁电阻迅速灭磁。励磁退出命令同时作用于磁场开关。

远方励磁退出操作的条件是发电机主开关在分闸位置。

4.2.5.4　通道切换和自动/手动切换

励磁系统采用采用三通道结构，如图 4-2-12 所示，包括相互独立的双通道结构(CH1，CH2)和紧急备用通道(BFCR)。

(1) 自动/手动切换

励磁系统每个通道都包括自动(AVR)、手动(FCR)两种调节方式。在自动方式(AVR)下，励磁系统自动调节发电机电压，最大限度地维持发电机机端电压恒定。在手动方式下(FCR)，励磁系统自动维持发电机恒定励磁(磁场电流)。在手动方式运行时，必

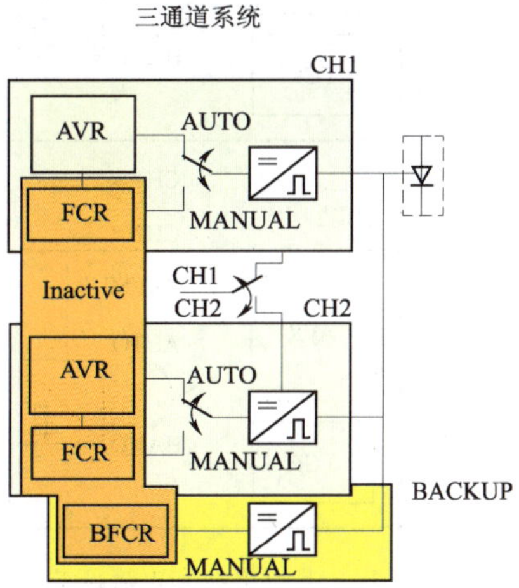

图 4-2-12　三通道结构图

须根据发电机负荷变化人为调整发电机的励磁（磁场电流的给定值），以维持发电机电压恒定。自动/手动调节方式的切换如图 4-2-13 所示。

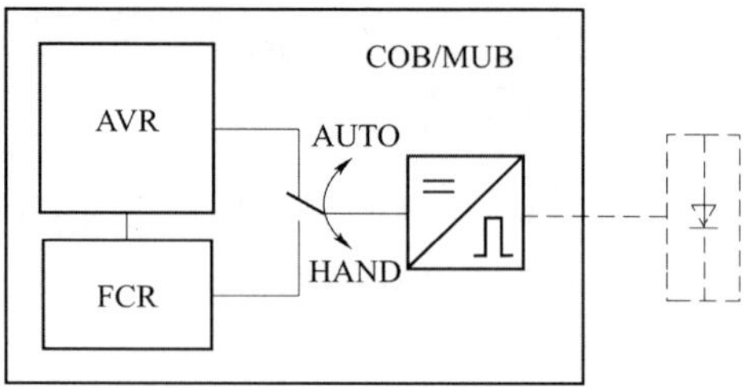

图 4-2-13 自动/手动切换示意图

（2）通道 1 和通道 2 的切换

如图 4-2-14 所示，两个通道完全相同，可任选通道 1 或者通道 2 为运行通道。备用通道（非运行通道）总是自动地跟踪运行通道。除下列情况以外，通常可在任何时间进行通道切换：

1）在运行通道检测到故障，自动切换到第二通道运行。在故障排除前不能切换原通道运行。

2）如果备用通道故障，将闭锁从运行通道到备用通道的人为切换。

通道故障时，发电机电压也可能发生波动。此时即将自动投入运行的备用通道不应该跟踪该扰动。为此，备用通道应延时跟踪，跟踪速度应相对缓慢。

在人为从运行通道向备用通道切换时，考虑到跟踪延时的作用，如果切换前瞬间发电机电压有变化，需等待跟踪平衡。即在切换完成前有短暂的延时。这样，在各种场合下都能实现无扰切换。

（3）切换到紧急备用通道（BFCR）

当两个调节通道都故障时，系统自动切换到手动紧急备用通道（BFCR），如图 4-2-15 所示。与主通道的手动方式相似，紧急后备通道也设有一个励磁电流调节器，只能调节励磁电流。除此之外，紧急后备通道还设有过电压保护和独立于主通道的触发脉冲形成功能。紧急后备通道的励磁电流调节器自动跟踪主通道，在主通道发生故障的情况下，能自动实现无扰动切换。

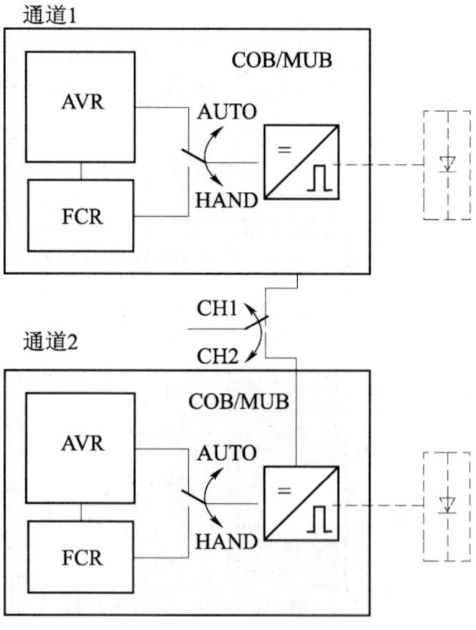

图 4-2-14 具有电压和电流调节的双通道系统切换

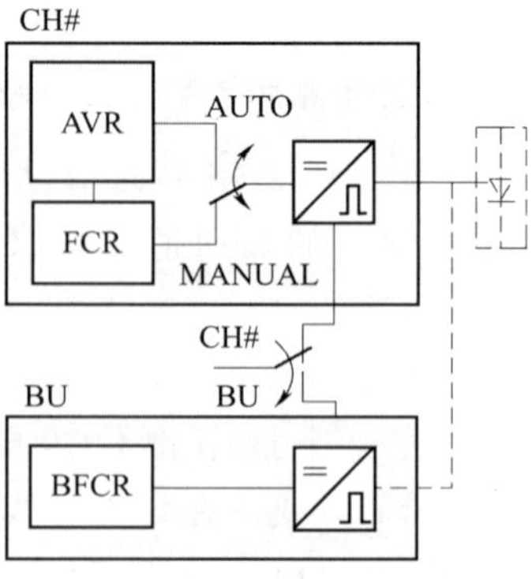

图 4-2-15 切换到紧急备用通道

4.2.5.5　自动控制(AVR 控制)

自动方式下,发电机电压的给定值由↑/↓命令来调整。空载运行时,改变此给定值可调整发电机电压。在并网运行时,改变此给定值可调整无功功率。如果运行点位于发电机定子或转子的限制区域,相应的限制器动作。AVR 控制模式下,具备以下保护。

(1) 低励限制器:以保证满足发电机的静态稳定性,防止失去同步。

(2) 过励限制器:随着励磁电流增加,励磁绕组及发电机端部的温度将上升超过励磁线圈的承受范围。

(3) 压/频比限制(V/Hz):电压与频率比值反映铁芯中磁通密度的大小。当其值较高时,表示磁通密度过大,这会引起铁芯的过热。此时通过该保护减励磁,避免发电机和主变压器的过励。

(4) 电力系统稳定器(PSS)。

4.2.5.6　手动控制(FCR 控制)

在手动运行时,励磁电流给定值可由↑/↓命令来调整。在空载运行时,改变此给定值可调整发电机电压。在并网运行时,改变此给定值可调整无功功率。在手动方式下,只有低励限制和 V/Hz。与自动方式不同,↑/↓命令不是总能受到限制器的保护。因此,手动控制时必须按照 P-Q 图确保不超过转子和发电机的运行极限。

4.2.5.7　恒无功功率调节/恒功率因数调节的投入/退出

发电机并网及励磁系统自动方式下,可切换到恒无功功率调节(Q)或恒功率因数($\cos\phi$),如图 4-2-16 所示。恒无功功率调节(Q)或恒功率因数($\cos\phi$)是电压调节器(AVR)的上位调节器(叠加调节),对运行工况变化作缓慢反应。因此,在电网发生短路故障时,仍然是电压调节器起作用而不是叠加调节器起作用。自动方式中所有限制器的作用不变。

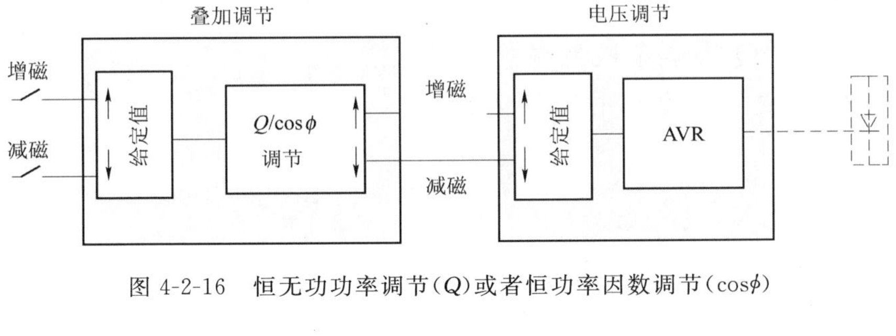

图 4-2-16　恒无功功率调节(Q)或者恒功率因数调节($\cos\phi$)

4.2.5.8　起励

一般情况下,UNITROL 6800 可实现残压起励。电子控制回路能够正常工作所需的整流桥输入电压仅为约 10～20 V,如果电压低于该值,首先使用残压起励,连续触发可控硅整流桥,以二极管整流桥模式将电压升至该范围。如果因为长期停机等原因造成在几秒内无法用残压建立起正常工作所需的 10～20 V 电压,则启用备用起励回路,用它励方式建立这一电压,当机端电压达到该发电机额定电压的 10%时,整流桥已能接管励磁控制,起励自动退出,软起励过程开始并将发电机电压升到预定水平。整个起励过程的控制和监测都是由

AVR软件实现的。

4.2.5.9 灭磁

系统采用直流侧灭磁。灭磁过程通过发电机保护或内部励磁保护跳闸命令启动，同时作用于断开直流侧磁场断路器，整流桥工作于逆变状态并触发跨接器，将转子电流导入灭磁电阻。

4.2.6 主要技术参数

励磁系统主要参数见表4-2-2。

表4-2-2 励磁系统主要参数

参 数	数 值
额定连续直流电流输出	10 169.5 A
额定连续直流电压输出	561 V
顶值电流	18 530 A
负载顶值电压	1 020 V
强励时间	20 s
响应时间	20 ms

复习思考题

1. 三门核电一期工程中，主升压变压器采用何种接地方式？有何优缺点？
2. 三门核电一期工程中发电机配置哪些保护？
3. 发电机P—Q图各条限制线有何意义？
4. 发电机励磁系统的作用是什么？

第五章　电气其他系统

5.1　接地和防雷系统(EGS)

5.1.1　系统功能

接地和防雷系统(EGS)有下列非安全相关功能：

(1) 在高压系统瞬态时维持安全电压；

(2) 提供故障电流的低阻返回通道；

(3) 发生电气暂态故障时在构筑物内维持安全电压；

(4) 提供低电气噪声运行环境；

(5) 将仪表系统中的噪声干扰降到最低；

(6) 减少雷电冲击对设备和构筑物的影响。

5.1.2　系统描述

EGS 的目标是保障人身安全与提供投资保护。接地和防雷、中性点接地、设备接地、仪表/计算机接地子系统共用一个接地装置——全厂接地网，全厂接地网的接地电阻不大于 0.5 Ω，以满足设备的接地要求。

5.1.3　系统组成

接地和防雷系统由下列子系统组成：

(1) 中性点接地子系统(系统接地)；

(2) 全厂接地系统(电站接地)；

(3) 设备接地子系统；

(4) 仪表/计算机接地子系统；

(5) 防雷子系统。

5.1.3.1　中性点接地子系统

(1) 交流系统

1) 发电机——高阻接地，通过单相变压器接二次侧电阻接地，限制短路电流 5～10 A；

2) 主变压器——直接接地；

3) 厂变压器与辅助变压器——低阻接地，通过独立电阻接地，限制接地电流 10 s 内 1 000 A；

4) 厂内备用柴油机——高阻接地，通过干式单相变压器二次侧电阻接地，限制短路电流 2～6 A；

5) 负荷中心变压器——直接接地；

6) 照明和配电盘变压器(380 V/380～220 V)——直接接地。

(2) 直流与 UPS 系统

IDS 系统的 250 V 直流系统与 EDS 的 220 V 直流系统为不接地系统。两者的 220 V 交流 UPS 系统为直接接地系统。

5.1.3.2 全厂接地子系统(电站接地系统)

全厂接地子系统是厂址相关的,目的是限制厂区的接触电势、跨步电势、环形电势和转移电势在安全限值以下。由深埋的相互连接的铜条和接地棒构成绕厂区周界一圈的连续接地环路和全厂接地网。可以分为深埋于防水垫层下的核岛接地网(NI 部分)、常规岛接地网(CI 部分)和外围(BOP 部分)接地网。全厂接地概念图如图 5-1-1 所示。

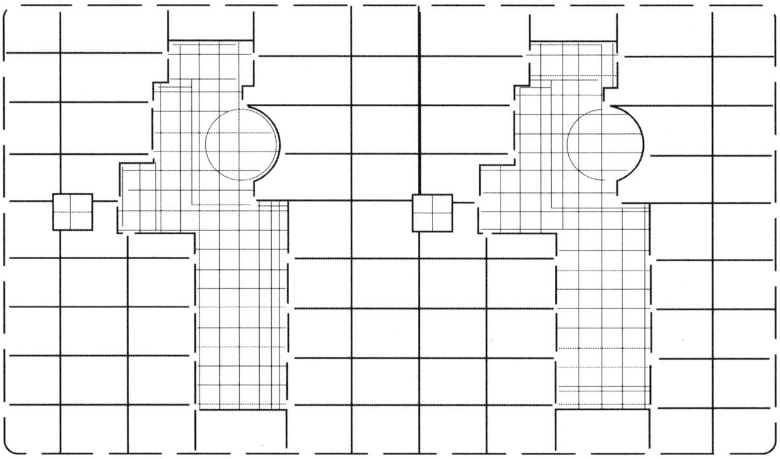

图 5-1-1 全厂接地概念图

5.1.3.3 设备接地子系统

设备接地是为了消除设备的金属外壳或者电缆桥架上的电击危害,因为设备的金属外壳和桥架可能会由于绝缘的失效而与带电导体发生接触而导致带电。同时,设备接地也提供了一个过电流保护装置,允许通过故障电流的通道。这样就不会引起可能发生的建筑物或者设备的火灾和爆炸。

所有的电气设备外壳,建筑钢结构和其他包含或靠近带电导体的金属物,都需要连接到厂区接地网上。设备接地子系统为设备外壳,金属结构,金属箱,开关柜的接地母排,动力中心,电机控制中心和控制箱等一点或两点接地的设备提供接地并连接到厂区接地网上。子系统包含以下几类接地。

(1) 电气设备接地;

(2) 金属建(构)筑物接地;

(3) 混凝土建(构)筑物接地。

以图 5-1-2 标明 IEEE665 高压、低压接地方案,表 5-1-1 列出了主要设备的外壳接地方式。

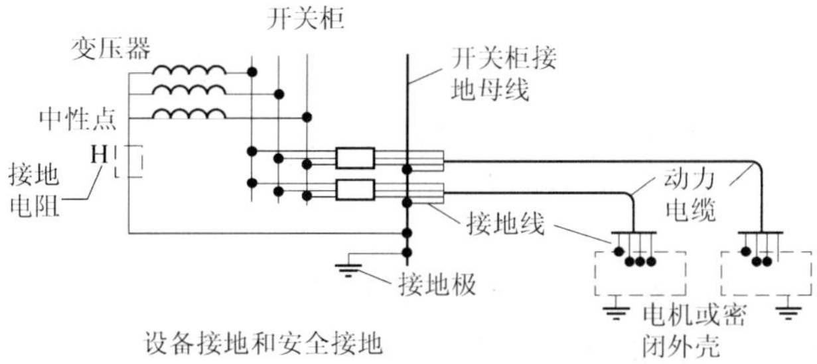

图 5-1-2 IEEE665 高压、低压接地方案

表 5-1-1 主要设备外壳接地方式

设备类型	接地方式
主变压器、厂变压器、辅助变压器	两点接地
中性点接地变压器	两点接地
10.5 kV 开关柜	每个开关柜内接地母线末端接地
400 V 负荷中心、380 V 电机控制中心	接地母线末端接地
IPB(离相母线)	通过金属支撑件接地
照明变压器、配电盘	一点接地
逆变器柜	一点接地
电机	一点接地

5.1.3.4 仪表/计算机接地子系统

仪表/计算机接地子系统按照 IEEE1050 采用一点接地，通过包含仪表接地母线或绝缘电缆的放射状接地系统为厂区仪表/计算机提供接地。放射状接地系统一点连接到接地网，并与其他接地回路相隔离。每个电气箱都带有独立的接地母线，通过绝缘电缆连接到接地网上。当一个区域有多于一个的电气箱时，需要通过绝缘铜缆将接地母线内部互联起来，然后再通过一点接到接地网上。

5.1.3.5 防雷子系统

防雷子系统由接闪器，引下线和浪涌保护器等组成，并直接连接到接地网上。

5.1.4 技术参数

正常运行时，全厂接地网(包括 BOP)的总接地电阻不大于 0.5 Ω。

在电厂设备发生故障情况下，接地系统能安全的消散故障电流。

防雷子系统通过接地和防雷装置将雷击产生的雷电流引向大地，防止由于雷击引起的危险电位及其他危害，以确保人身和设备的安全。

5.1.5 设备布置

接地

各建(构)筑物接地网相互连接，并与主厂区接地网相连。

各厂房中的中性点接地、设备接地、仪表接地和防雷系统全部连接到接地网。电气设备的金属外壳和框架、防雷子系统的接闪器、建筑物钢结构、进出建筑物的金属管道和其他可能带电的金属物都需要连接到接地网上。

5.1.6 防雷(BOP)

防雷建筑物采用装设在建筑物上的通雷带、避雷针或由其混合组成的接闪器。避雷带沿屋脊、屋檐和檐角等易受雷击的部位敷设,并在整个屋面组成一个适当大小的网格。所有避雷针应采用避雷带相互连接。防雷引下线不少于两根,并沿建筑物四周均匀或对称布置,防雷引下线通过环形接地体与接地网相连。

5.2 电厂照明系统(ELS)

5.2.1 系统概述

电厂照明系统包括核岛照明系统和常规岛照明系统。

5.2.2 核岛照明系统

系统功能

(1) 正常照明

当厂内或厂外电源有效时,ELS系统为核岛建筑物包括主控室提供照明。

(2) 应急照明

1) MCR(主控室)和RSW(远方停堆站)区域以外的应急照明

当发生失去厂内外交流电源事故时,ELS系统经由独立的蓄电池照明单元为消防和安全撤离进出口通道以及正进行恢复供电操作的区域提供8 h的应急照明。

2) MCR和RSW的应急照明

当失去正常照明时,ELS为主控室内安全相关的盘柜提供照明,并为主控室和远方停堆站提供应急照明。故障后最初72 h的电源由IDS提供,随后的电源由ECS系统的两个400 V辅助交流发电机提供。

ELS在出现设计基准地震事故的情况下为主控室提供照明以满足主控操作的需要。最小照度仅用于当全部非抗震系统都失效后需要监控电厂安全系统的区域。

5.2.3 系统描述

厂用照明系统包括正常照明、应急照明、盘柜照明和安全照明。正常照明用于厂区操作,维修和试验。紧急照明用于正常照明失去后的需进行紧急操作的区域。盘柜照明用于给主控室的安全相关盘柜提供最低照度。

(1) 正常照明

MCR与RSW以外区域的正常照明:由厂内柴油机备用的MCC经380/220 V配电盘供电,用于额定电压为220 V的灯具。

MCR与RSW区域的正常照明:通过1E级220 V交流调压变压器(B、C通道)提供220 V

交流稳压电源。此电源通过两个串连的熔断器隔离后送出。这些区域的照明强度可调。

(2) 应急照明

应急照明为 MCR 与 RSW 区域、MCR 与 RSW 以外区域提供不同层次的照明。

1) MCR 与 RSW 以外区域的应急照明

由 8 h、自维持、蓄电池照明单元完成。这些单元是非 1E 级的。它们为失去正常照明后的员工安全出入口及恢复电厂运行需要进行人工操作的区域(例如,厂内备用柴油电机和它们的控制屏)提供照明。此外,火灾时需手动操作的设备所在区域也有这种应急照明。正常情况下,这些应急照明由非 1E 级 380 V 交流电机控制中心供电,当失去交流电源时其自动切换到其内部直流电源供电。

2) MCR 与 RSW 应急照明

1E 级 250 V 直流开关柜通过 1E 级 220 V 交流逆变器供电(A、B、C、D 组),由两个串联的熔断器隔离,是连续运行。主控室和远程停堆区域外的多重应急照明电源和电缆之间提供了 3~4 h 防火屏障。在所有交流电源断电 72 h 以后,主控室的照明可由两台 400 V 辅助柴油发电机通过 1E 级可调变压器供电(B、C 通道)。

(3) 盘柜照明

盘柜照明系统由位于主控室内安全屏上或附近的灯具组成。盘柜照明系统是持续供电的。灯具由 B、C 通道的 1E 级逆变器通过 1E 级配电盘供电。

电路是 1E 级的。从照明盘到灯具的回路是安全相关回路并敷设在抗震 I 类电缆通道内。灯泡没有抗震要求。

5.2.3.1 主要设备

(1) 照明盘柜;

(2) 220 V 荧光灯;

(3) 220 V 高压钠灯;

(4) 220 V 白炽灯;

(5) HID 石英灯。

安全壳内和燃料操作区域只能使用白炽灯,不使用汞蒸气灯和水银开关。燃料池水下照明,采用镜面为清洁耐热玻璃镜片或灯泡,具有防水密封性能的高压钠灯。

应急照明(安全出口等)是独立维护的蓄电池供电,额定时间为 8 h。

5.2.3.2 系统运行

在电厂正常运行期间,由汽轮发电机通过厂变压器为电站照明负载供电。电厂正常照明用于其正常运行,维修和试验工况。在电厂正常运行工况下,应急照明由 400 V 交流 MCC 经逆变器和一个隔离设备供电。

在电厂启动阶段,发电机出口断路器是断开的。由厂外电源经高压主变压器和两台厂变压器提供照明电源,当电厂停运期间,照明电源由辅助变压器供电。当发电机停运且厂外电源也不可用时,交流电由厂内备用柴油发电机提供。当厂内备用柴油发电机为电厂永久性非安全负载供电时,照明控制系统会自动切断 MCR 和 RSW 外大约 75%的正常照明,以限制柴油发电机的负荷量。

当发生全厂断电事故时,主控室和远方停堆室的应急照明可以供 72 h,而其他区域应急照明只能提供 8 h。

当发生失去交流电源 72 h 后的极限事故时，两台 400 V 交流辅助发电机通过连接到 B、C 级可调变压器，提供事故 72 h 后负载电源，提供应急照明和主控室中的盘柜照明。

5.2.4 常规岛照明系统

常规岛覆盖了电厂常规岛内部所有用于房间、空间和户外照明的系统，这些系统包括电站正常照明系统和应急照明系统两大类。

系统功能

正常照明系统用于在反应堆运行、维修和调试期间提供正常人工照明。一旦电厂同时丧失了厂内和厂外交流电源，ELS 系统可以通过自备蓄电池为以下区域提供 1.5 h 的应急照明：各个用于消防和安全撤退的出入口以及为恢复机组运行所需活动的区域。

5.3 特殊工艺热跟踪系统(EHS)

5.3.1 系统功能

（1）电力加热工作流体，使其维持系统运行所需要的温度。

（2）提供热量使其高于周围温度作为防冻保护。

5.3.2 系统描述

EHS 系统为控制流体介质管道和取样管道温度的布置如图5-3-1所示，而为防冻保护所做的布置如图 5-3-2 所示。

电加热跟踪系统由电加热器、控制器、传感器以及专用的电源装置组成，用以提高或维持管道、阀门、储存箱和仪表中的流体的温度。加热跟踪主要是实现防冻保护和维持工作流体在给定温度值。防冻保护是防止环境温度降到 0 ℃以下流体介质结冰。

维持流体温度在给定值以防止运行系统介质凝固或者流动性和黏性发生改变，从而改变其热工水力性质。维持温度在露点以上以防止浓缩。EHS 系统采用以下两种控制方法：管道温度控制和环境温度控制。

5.3.2.1 管道温度控制

管道温度控制用于工作流体的温

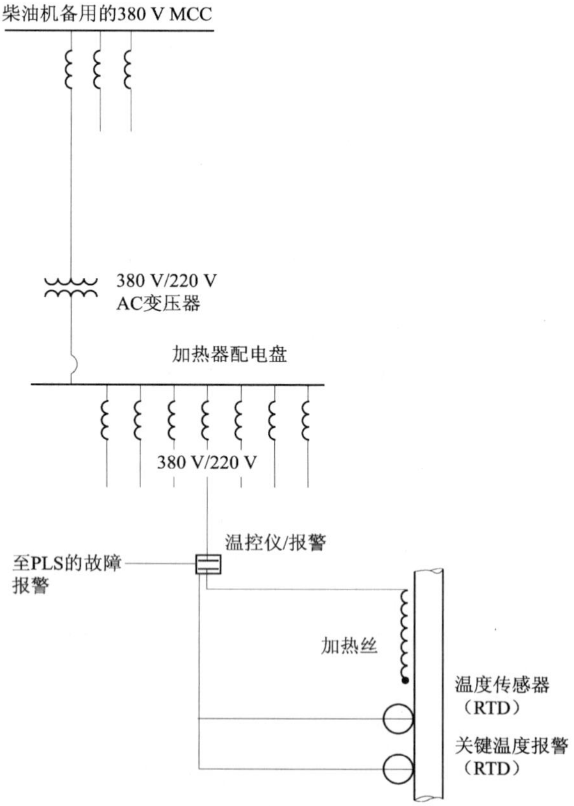

图 5-3-1 管道温度控制图

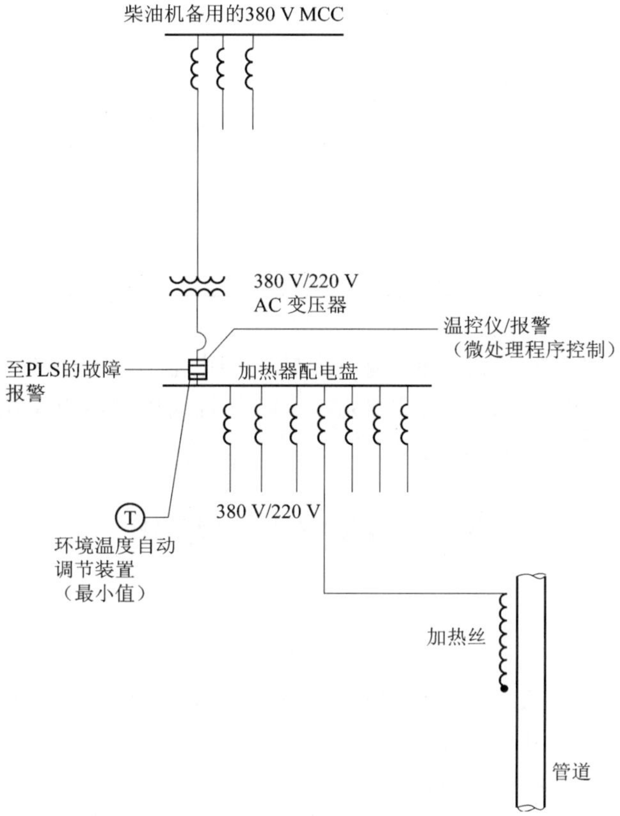

图 5-3-2 环境温度控制图

度控制，如果需要也可用于流体管道，取样管线的防冻保护。管道温度控制是由微处理机控制的，它通过电阻温度探测器(RTDs)连续测量管道(管线)温度。温度探测器将数据传送到控制电加热跟踪的控制模块。加热跟踪控制模块将报警信号传送给电厂控制系统(PLS)。数据显示和处理系统(DDS)显示此报警。加热控制模块监控并控制加热电路。当管道温度低于或高于预设温度范围时，电加热器自动投入或退出。预设温度范围的数值是由相关流体特性来决定的，如结晶、浓缩。每个独立加热电路都要使用微处理温度控制和监控模块。

5.3.2.2 防冻保护环境温度控制

环境温度控制只用于对流体管道、取样管线可适用的防冻保护。当环境温度低于基于冻结温度而预设的温度值时，温度调节装置自动接通电源。环境温度传感器给加热跟踪控制模块发信号，来使加热器通电运行。当环境温度升高到高于预设范围时，加热器的电源被自动切断。所以由相同配电盘供电的加热电路作为一个团体控制。

5.3.3 系统运行

每一个热追踪系统都具备在任何电厂工况下自动运行的能力，以便维持最低流体温度或提供所需求的防冻保护。与 EHS 系统接口的主要系统如表 5-3-1 所示。

表 5-3-1 与 EHS 系统接口的主要系统

与 EHS 接口的主要系统	EHS 作用
CVS	防止硼酸罐和相应的管道结冻
PCS	防止屏蔽厂房进气口和烟囱入口防雪结冰，PCCWST 和相应管道防冻
FPS	防止相应管道和部件结冻
SWS	防止相应的管道结冻
RMS	防止通风监测系统管道冷凝

每个热跟踪电路都具有过流保护，通过安装在配电盘上的低压塑模断路器来实现。温度传感器（电阻式热探测器和温度调节器）在 DDS 和就地控制盘上发出报警，提醒操作人员确认控制盘和电路以采取必要的校正行动。

5.4 棒控电源机组

5.4.1 概述

棒控电源机组为控制棒驱动机构运行提供所需要的电源。它由两个冗余系列组成，每列由一台 380 V 的异步电动机和发电机构成发电机组。两列同时向控制棒驱动机构提供电源，正常运行时，每列各承担 50%的负荷，当一列需要检修时，由另一列承担 100%负荷。

棒控电源机组能保证任何小于 1.2 s 的 380 V 交流电源故障，不会导致反应堆控制棒失电停堆。

5.4.2 系统简图

棒控电源机组的系统简图见图 5-4-1。

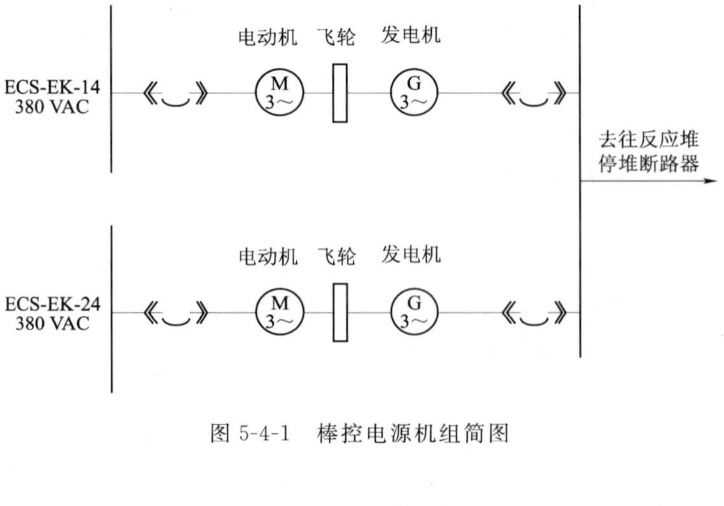

图 5-4-1 棒控电源机组简图

复习思考题

1. 电厂中为什么要设置接地和防雷系统?

2. 安全壳内和燃料操作区域为什么只能使用白炽灯,不使用汞蒸气灯和水银开关?

3. 特殊工艺热跟踪系统有哪些主要作用?

第六章 专 题

6.1 变频器

6.1.1 概述

变频器是把工频电源(50 Hz或60 Hz)变换成各种频率的交流电源,以实现电机的变速运行的设备。AP1000四台主泵设置4台变频器,采用PWM控制方式。变频器用来将50 Hz的频率电源转换成反应堆冷却剂泵所需要频率下的电源。在正常的反应堆运行期间,VFD向RCP提供60 Hz的电源以使之在设计转速下运行。在反应堆加热或冷却时,VFD将提供一个低频电源,这样RCP就可低于额定转速运行。在较低的反应堆冷却剂温度下,反应堆冷却剂泵在低转速运行使得其功率维持在额定功率范围内。

(1) 基本结构

目前市场上变频器的基本结构如图6-1-1所示。

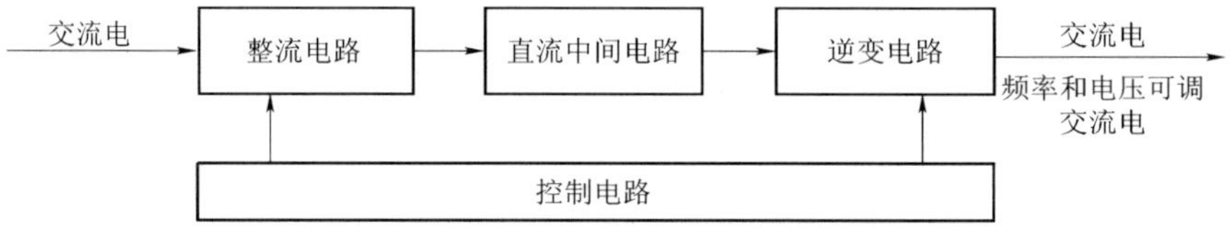

图6-1-1 变频器基本结构

(2) 变频器内部电路的基本功能

虽然变频器的种类很多,其内部结构也各有不同,但大多数变频器都具有图6-1-1中所示结构。

一般的三相变频器的整流电路由三相全波整流桥组成。它的主要作用是对工频的外部电源进行整流,并给逆变电路和控制电路提供所得要的直流电源。整流电路按其控制方式可以是直流电压源也可以是直流电流源。

直流中间电路的作用是对整流电路的输出进行平滑,以保证逆变电路和控制电路能够得到质量较高的直流电源。当整流电路是电压源时直流中间电路的主要元器件是大容量的电解电容,而当整流电路是电流源时平滑电路则主要由大容量电感组成。此外,由于电动机制动的需要,在直流中间电路中有时还包括制动电阻以及其他辅助电路。

逆变电路是变频器最主要的部分之一。它的主要作用是在控制电路的控制下将平滑电路输出的直流电源转换为频率和电压都任意可调的交流电源。逆变电路的输出就是变频器的输出,它被用来实现对异步电动机的调速控制。

变频器的控制电路包括主控制电路、信号检测电路、门极(基极)驱动电路、外部接口电路以及保护电路等几个部分,也是变频器的核心部分。控制电路的优劣决定了变频器性能的优劣。控制电路的主要作用是将检测电路得到的各种信号送至运算电路,使运算电路能够根据要求为变频器主电路提供必要的门极(基极)驱动信号,并对变频器以及异步电动机提供必要的保护。此外,控制电路还通过 A/D,D/A 等外部接口电路接收/发送多种形式的外部信号和给出系统内部工作状态,以便使变频器能够和外部设备配合进行各种高性能的控制。

6.1.2 变频器的分类

变频器的分类可以有多种方式,例如,可以按其主电路工作方式进行分类,可以按其开关方式进行分类,可以按其控制方式进行分类,还可以按其用途进行分类。下面就根据这几种分类方法对变频器进行简单介绍。

按照主电路工作方式分类:变频器可以分为电压型变频器和电流型变频器。电压型变频器的特点是将直流电压源转换为交流电源,而电流型变频器的特点则是将直流电流源转换为交流电源。

按照开关方式分类:当谈到变频器的开关方式时通常讲的都是变频器逆变电路的开关方式。而在按照逆变电路的开关方式对变频器进行分类时,则变频器可以分为 PAW 控制方式,PWM 控制方式和高载频 PWM 控制方式三种。

(1) PAM 控制。PAM 控制是 Pulse Amplitude Modulation(脉冲振幅调制)控制的简称,是一种在整流电路部分对输出电压(电流)的幅值进行控制,而在逆变电路部分对输出频率进行控制的控制方式。因为在 PAM 控制的变频器中逆变电路换流器件的开关频率即为变频器的输出频率,所以这是一种同步调递方式。由于逆变电路换流器件的开关频率(以下简称载波频率)较低。在使用 PAM 控制方式的变频器进行调速驱动时具有电动机运转噪声小,效率高等待点。但是,由于这种控制方式必须同时对整流电路和逆变电路进行控制,控制电路比较复杂。此外,这种控制方式也还具有当电动机进行低速运转时波动较大的缺点。

(2) PWM 控制。PWM 控制是 Pulse Wide Modulation(脉冲宽度调制)控制的简称,是在逆变电路部分同时对输出电压(电流)的幅值和频率进行控制的控制方式。在这种控制方式中,以较高频率对逆变电路的半导体开关元器件进行开闭,并通过改变输出脉冲的宽度来达到控制电压(电流)的目的。

(3) 高载频 PWM 控制。这种控制方式原理上实际是对 PWM 控制方式的改进,是为了降低电动机运转噪声而采用的一种控制方式。在这种控制方式中,载频被提高到入耳可以听到的频率(10～20 kHz)以上,从而达到降低电动机噪音的目的。

为了使异步电动机在进行调速运转时能够更加平滑,目前在变频器中多采用正弦波 PWM 控制方式。所谓正弦波 PWM 控制方式指的是通过改变 PWM 输出的脉冲宽度,使输出电压的平均值接近于正弦波。这种控制方式也被称为 SPWM 控制。

图 6-1-2 给出了电压型 PAM 控制和 PWM 控制变频器的基本结构以及正弦波 PWM 的波形示意图。

PWM 控制和高载频 PWM 控制都属于异步调速方式,即变频器的输出频率不等于逆变电路换流器件的开关频率。

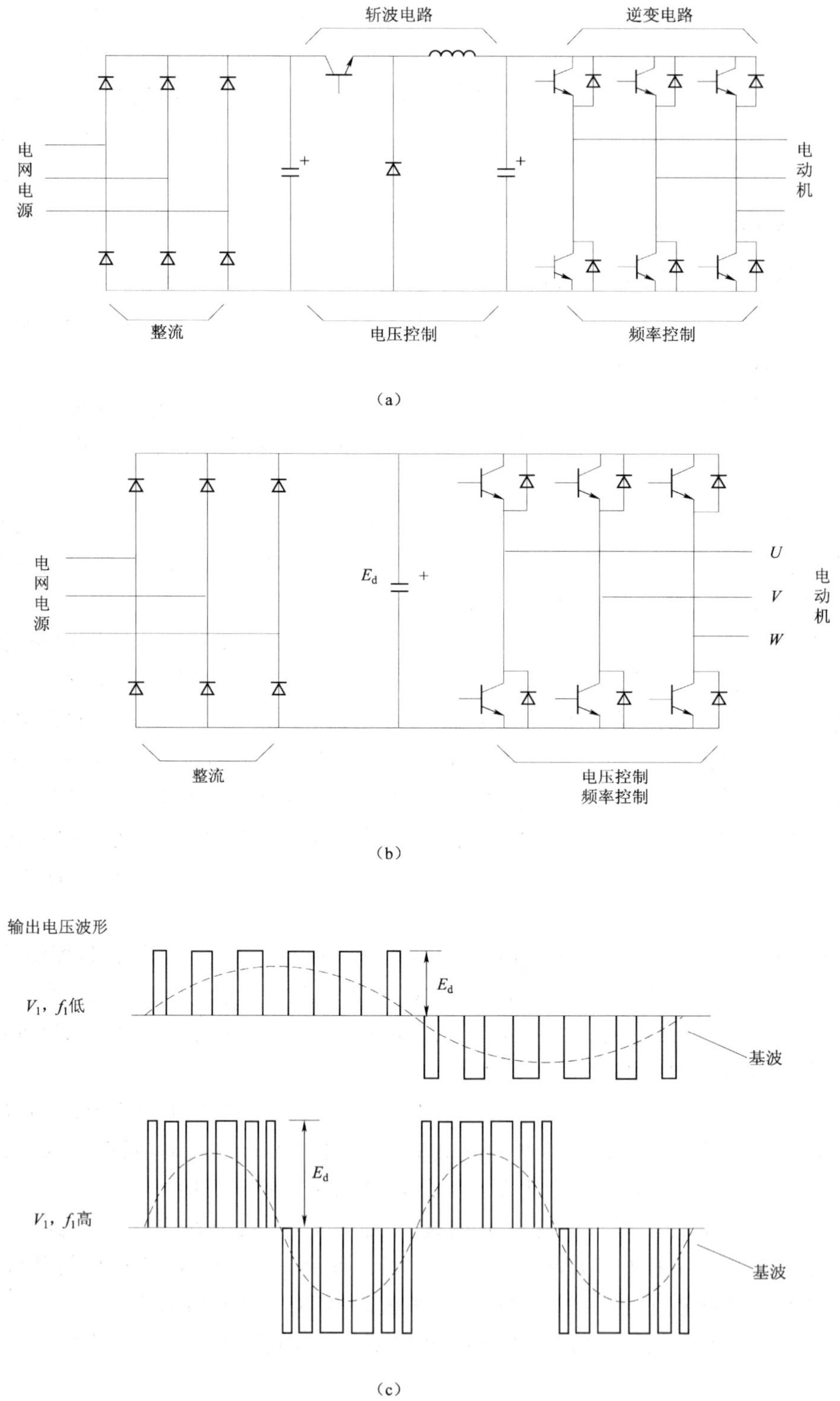

图 6-1-2　电压型 PAM 控制、PWM 控制和正弦波 PWM 波形示意图

(a) 电压型 PAM 控制；(b) 电压型 PWM 控制；(c) 正弦波形 PWM 控制

按照工作原理分类：当按照工作原理对变频器进行分类时，按变频器技术的发展过程可以分为 V/f 控制方式、转差频率控制方式和矢量控制方式三种。

6.1.3　主泵变频器

国内 AP1000 变频器（VFD）用于将 50 Hz 电源转变成主泵电机工作频率。反应堆正常运行时，VFD 提供 60 Hz 电源，使主泵满功率运行。在反应堆升温或冷却时，VFD 提供较低频率电源使主泵低于额定转速运行。VFD 具备制动再生能力，具有断电时间不超过 100 ms 能连续运行能力，三门一期工程 VFD 布置于第一跨。主泵供电方案简图如图 6-1-3 所示。

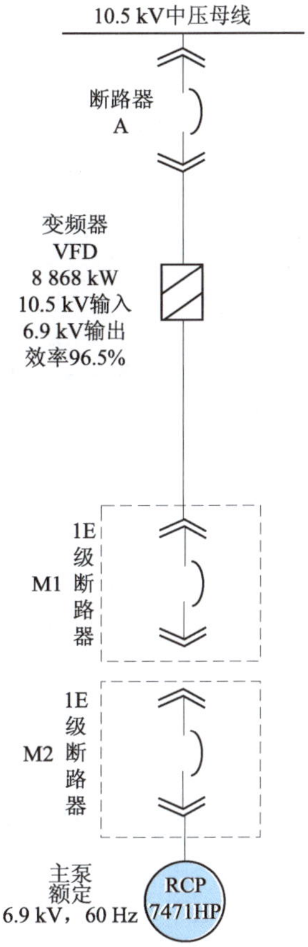

图 6-1-3　主泵供电方案简图

西屋推荐 AP1000 主泵配置的 VFD 是由西门子（并购 ASI Robicon）公司生产的高压大容量 WCⅢ-HA 型水冷式变频器，属于“交流—直流—交流”，采用脉冲宽度调制（PWM）技术，非 1E 级电气设备。输入电压/频率：10.5 kV/50 Hz，输出电压/频率（额定），6.9 kV/60 Hz，供电的主泵容量 5 491 kW，效率 96.5%，满载输出时电流谐波分量小于 2%。

变频器系统由以下设备组成（见图 6-1-4）：

（1）输入隔离变压器；

（2）功率单元（$N+2$）；

（3）控制单元（双重）；

（4）冷却单元（冗余）。

6.1.3.1　移相隔离变压器

输入侧的二次侧移相整流变压器采用多重化设计如图6-1-4所示，将网侧高压变换为二次侧的 18 组低压，各次绕组在绕制时采用延边三角形接法，相互之间有固定的相位差，形成 36 脉冲整流方式，使得变压器二次侧绕组（功率单元的输入）的谐波电流相互抵消，不反映到高压侧，从而大大改善了网侧的电流波形，基本上消除了变频器对电网的谐波污染。

6.1.3.2　功率单元

主泵变频器的输出电压每相有 6 个功率单元串联组成，三相共 18 个功率单元构成。功率单元是整台变频器实现变压输出的基本单元，整台变频器的变频功能是通过单个功率单元实现的，每个功率单元都相当于一台交流—直流—交流电压型单相输出的低压变频器。单个功率单元的输出电压为 750 V，每相由 6 个单元串联而成，可以输出给电机 8 100 V 的线电压。主泵变频器要求具有制动再生能力，具有 4 象限运行能力，其电网侧必须采用可控整流。

功率单元整流侧用 IGBT 三相全控桥进行可控全波整流，中间采用电解电容滤波和储能，输出侧为 4 只 IGBT 组成的 H 桥，提供单相等幅的交流 PWM 波形输出电压。带旁路的单元串联多电平能量回馈变频器功率单元结构简图如图 6-1-5 所示。

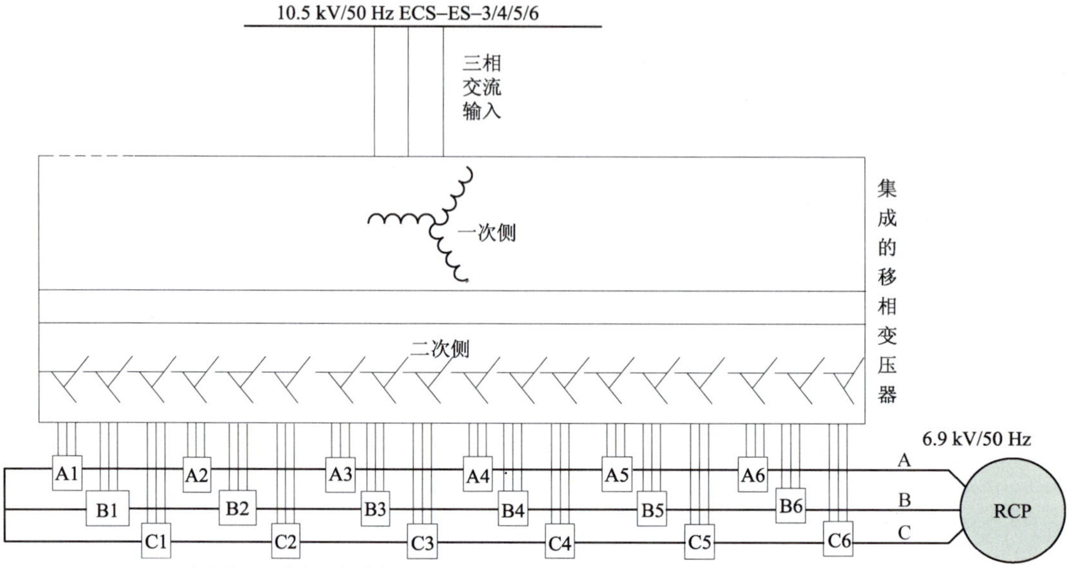

图 6-1-4　单元串联多电平变频器结构简图

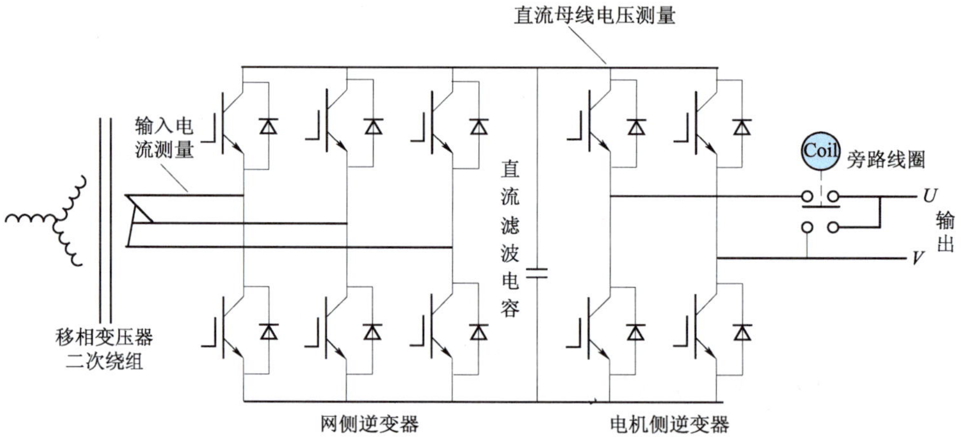

图 6-1-5　带旁路的单元串联多电平能量回馈变频器功率单元结构简图

PWM 控制就是对脉冲的宽度进行调制的技术，即通过对一系列脉冲的宽度进行调制，来等效地获得所需的波形（含形状和幅值）。AP1000 的 PWM 调制技术得到的是等效正弦波，也称为 SPWM。

图 6-1-6 中的三角波是载波，正弦波为调制信号。通常用等腰三角形波作为载波，因为等腰三角形波上的任一点的水平宽度和高度呈线性关系且左右对称，当它与任何一个平缓变化的调制信号相交时，在交点时刻对 IGBT 开关器做通断控制，就可以得到宽度正比于信号波幅值的脉冲。

变频器的总体输出侧电压由每个单元 U、V 相输出串联而得到，虽然每个功率单元输出都是等幅 PWM 电压波形，但相互间有确定的相位偏移，串联叠加以后，在变频器侧得到的正弦阶梯状 PWM 波形。如图 6-1-7 所示，三个功率单元叠加后的相电压波形。这种设计，

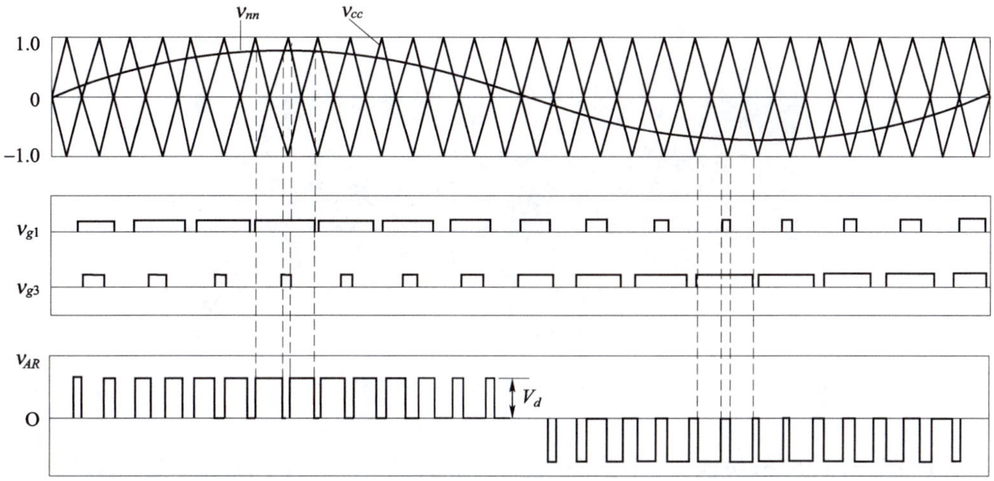

图 6-1-6 触发脉冲及功率单元输出的 PWM 电压波形

每个功率单元的开关频率可以较小(以减少器件损耗和发热),但变频器输出电压等效开关频率却很高,仅含有少量的极高次谐波,无须输出滤波就可以用于普通异步电机的驱动,且电动机不需要降额使用。同时,电动机的谐波损耗大大减少,消除了由此引起的机械振动,减小了轴承和叶片的机械应力,输出电缆可以很长。AP1000 变频器 6 级串联的系统,相电压电平有 13 个,线电压有 25 个电平,dv/dt 很小,减小了因 dv/dt 造成电缆和电动机绝缘损坏的可能。每个功率单元提供 1/6 输出电压,1/18 的输出功率,但每个功率单元都提供满电流输出,电压是叠加关系,电流是串联关系。一旦某一功率单元出现故障时,尽管其输出电压和功率为零,但只要能提供电流通路,其他功率单元仍然可以正常工作,整台变频器可以持续降额运行,可减少停机损失。

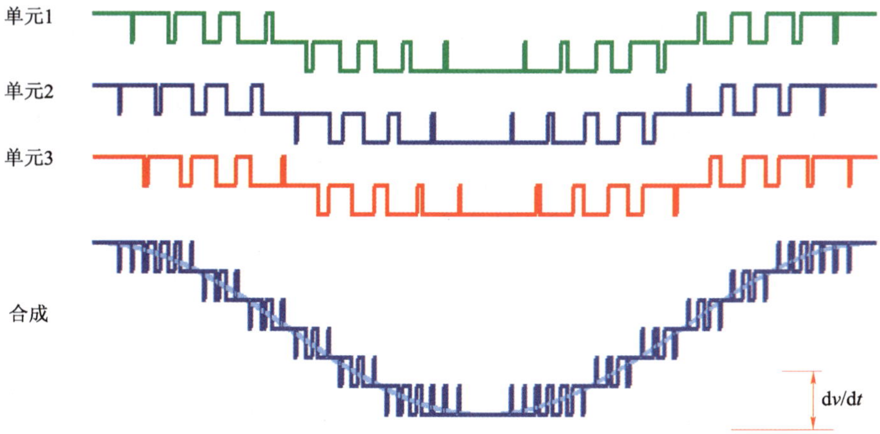

图 6-1-7 3 级功率单元串联的相电压波形

功率单元故障时,通过旁路切换故障的功率单元,切换开关如图 6-1-8 所示。旁路切换开关功率单元旁路切换在 250 ms 时间内完成,切换时维持运行信号,不会导致 RCP 的

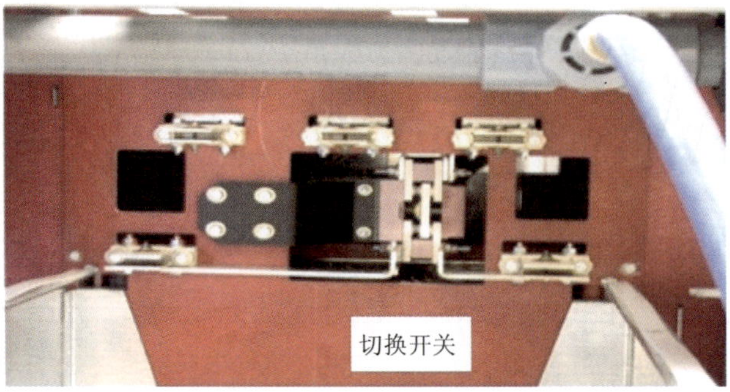

图 6-1-8 旁路切换开关实物

跳闸。VFD 具有自诊断功能，能识别并定位故障元件，功率单元内部部分故障元件以在线维修。

6.1.3.3 中性点漂移技术原理

"中性点漂移"技术，亦称"单模块旁路"。理论依据是多电平高压变频器功率单元的"Y"形中性点是浮动的，不与主泵电机的中性点连接。如果对各相功率单元电压的相位角进行适当的调整，高压变频器输出电压中点允许偏离中性点。此时，尽管有故障功率单元被旁路时三相串联后的相电压存在不平衡，但是高压变频器输出到主泵电机的三相线电压仍然维持平衡。

如图 6-1-9 所示，主泵变频器采用 18 个功率单元的高压变频器，当 A 相的三个功率单元故障时，系统将 3 个功率单元自动旁路，根据三相电压矢量叠加为零的原理，运用高速数字处理器增加 AC，AB 相位角值，减小 BC 相位角，在很短的时间内完成相位调整。虽然 A、B、C 三相电压的大小比值为 3∶6∶6，但是通过这样的调整，三相线电压仍旧可以构成等边三角形，电动机得到平衡的线电压。此时，有效输出载荷为额定负荷的 86%，大大提高了系统的安全性和可靠性。在两个功率单元故障时，可维持最大输出电压 6 675 V，这种设置即

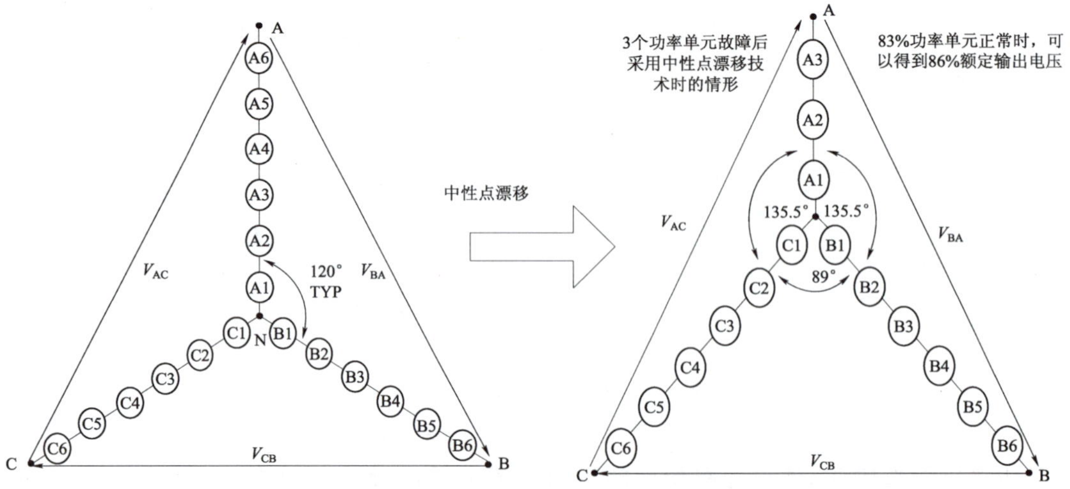

图 6-1-9 三个功率单元故障后采用中性点漂移技术方案图

为："$N+2$"冗余配置。

表 6-1-1 列出了 AP1000 变频器冗余功率单元故障解决方案，结果表明每相 2 个功率单元故障时，变频器仍能满足主泵正常运行所需电压。

表 6-1-1　AP1000 变频器器冗余功率单元故障解决方案（6 功率单元串联）

每相可用功率单元	最大输出电压/V
6-6-6	8 010
6-6-5	7 342
6-6-4，6-5-5，5-5-5	6 675
6-6-3，6-5-4，5-5-4	6 007
6-6-2，6-5-3，6-4-4，5-5-3，5-4-4，4-4-4	5 340
6-6-1，6-5-2，6-4-3，5-5-2，4-4-3	4 672
6-5-1，6-4-2，6-3-3，5-5-1，5-4-2，4-4-2，4-3-3，3-3-3	4 005

6.1.3.4　VFD 的制动再生功能

主泵变频器要求在四象限运行。高压变频器的运行象限沿用电机运行象限的定义，如图 6-1-10 所示。

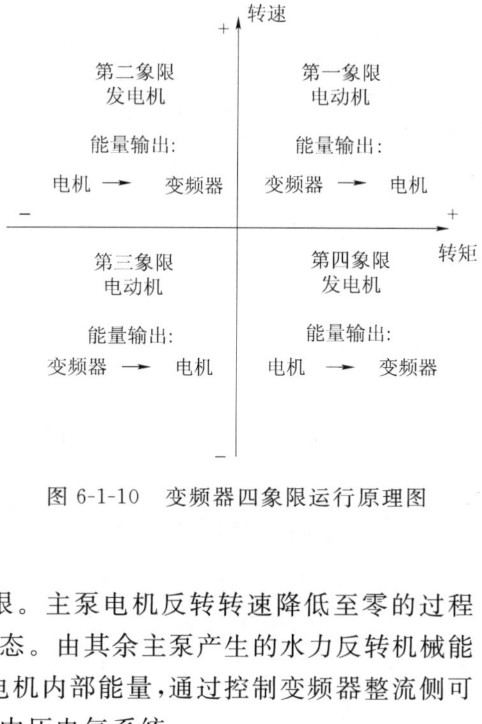

图 6-1-10　变频器四象限运行原理图

主泵正常启动与正常运行期间，变频器运行在第一象限，输出正转矩与正转速。当主泵在正转运行减速时，运行在第二象限，变频器给主泵输出频率降低时，定子旋转磁场的旋转速度降低，此时异步电动机转子旋转速度将超过旋转磁场的旋转速度，因此转子导体中的感应电势反向，电流反向，电动转矩反向，电动转矩（与阻力矩同向）起制动作用，使电动机减速。此时的异步电动机相当于一台异步发电机，利用变频器可控整流可以将主泵旋转存储的动能转换成电能回馈给所连中压电气系统。

主泵在反转状态下启动，变频器运行在第四象限。主泵电机反转转速降低至零的过程中，变频器输出正转矩，主泵电机运行在电气制动状态。由其余主泵产生的水力反转机械能量和变频器输送给主泵电机定子的电功率，都变成电机内部能量，通过控制变频器整流侧可以将主泵反转至零转速的过程中的能量回馈给所连中压电气系统。

AP1000 主泵变频器功率单元（图 6-1-5）属于双 PWM 控制的电压源型，其能量回馈的基本原理如图 6-1-11 所示。变频器向主泵电机输送的有功功率为需精确控制变频器网侧逆变器的输出电压 $\dot{U}<\theta$ 大小，就可以控制变频器与主泵电机之间的有功功率与无功功率的大小与流向，实现能量回馈。

如图 6-1-12 所示，具体进行能量回馈控制时，需要在每个功率单元内设置单独的控制器，执行网侧逆变器的矢量控制算法，对于移相变压器需要特殊的算法得到每个功率单元的

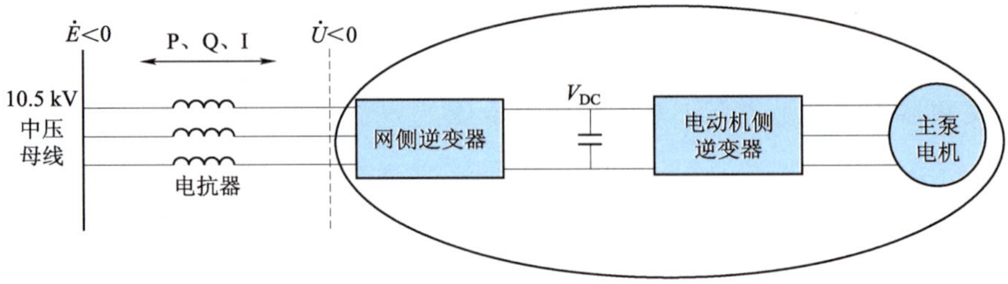

图 6-1-11 能量回馈原理简图

电网电压 $\dot{E}$ 的幅值与相位。当变频器由能量输出状态转入能量回馈状态时，有功功率从电机流入变频器，造成每个功率单元的直流母线电压 V_{DC} 上升。各功率单元的控制器检测到这一上升的电压后，将从电网流向功率单元的有功功率的给定值减小至一负数，使功率单元的网侧逆变器向电网回馈有功功率，各功率各自独立的执行这一控制，将有功功率通过移相变压器回馈至电网。

每个功率单元网侧逆变器矢量控制算法如图 6-1-12 所示。

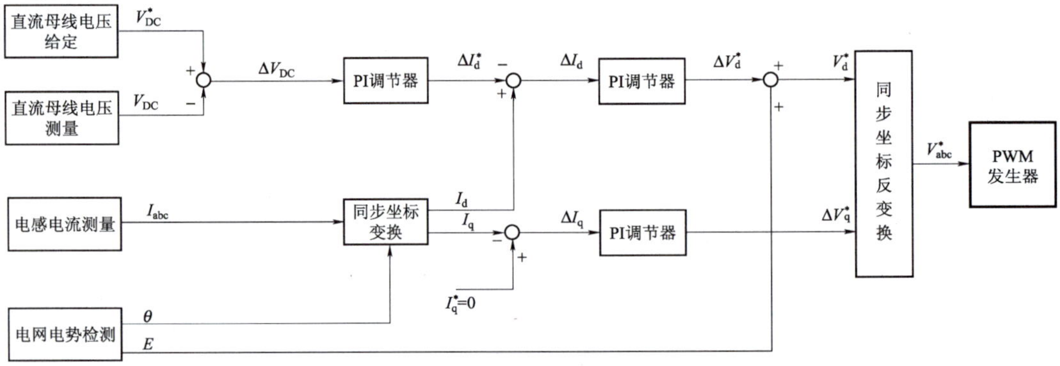

图 6-1-12 单元串联多电平能量回馈变频器网侧逆变器矢量控制算法框图

6.1.3.5 旋转再启动功能

由于主变压器和厂变压器故障触发了快速切换，在中压母线供电由厂变压器至辅助变压器过程中，VFD 输入端短时失电，当快速切换成功后，需要 VFD 立即启动到主泵运行的设定转速，输出适当的功率，防止了启动电流过大。

6.1.3.6 控制单元

AP1000 变频器具有双重控制系统，100%冗余（电源、CPU、I/O 装置，通信模块等）。满足单一故障准则，保证了主泵的安全可靠运行。控制简图和控制机柜实物图见图 6-1-13 和图 6-1-14。

6.1.3.7 冷却单元

VFD 用设冷水系统（CCS）的水进行冷却。VFD 内部装设有两台 100%容量的互为备用的冷却泵，如果一个冷却子系统故障，VFD 仍然在额定容量运行。两个 100%冗余水一水热交换器设置，一个热交换器运行，另一个则旁路。如果一台热交换器有泄漏，发出一个报警信号，并且可以旁路、隔离和维修故障热交换器，而不影响 VFD 满足额定容量要求的能力。

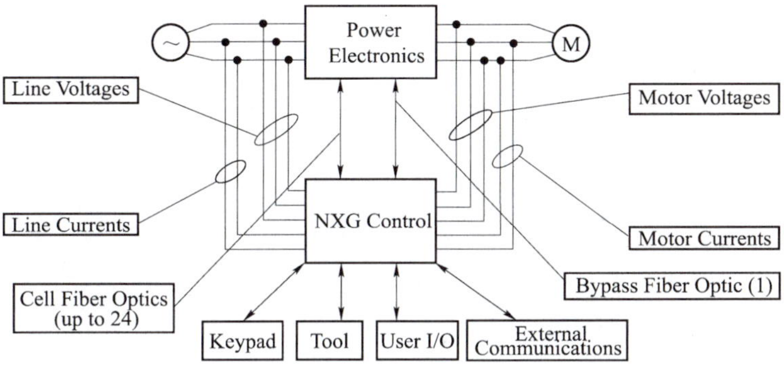

图 6-1-13　VFD 控制简图

图 6-1-14　VFD 控制机柜图

6.2　厂用电切换

6.2.1　概述

我厂 ECS 中压 10.5 kV 中压母线的工作电源正常来自正常电源(发电机出口)或者优先电源(500 kV 外电网)，当主变压器或者厂变压器故障时，保护动作，切换到辅助变压器供电。我厂 10.5 kV 中压母线供电简图如图 6-2-1 所示。

厂用电源切换的方式可按开关动作顺序分，也可按启动原因分，还可按切换速度进行分类。

6.2.1.1　按开关动作顺序分类(动作顺序以工作电源切向备用电源为例)

(1) 并联切换。先合上备用电源，两电源短时并联，再跳开工作电源。这种方式多用于正常切换，如启、停机。并联方式另分为并联自动和并联半自动两种。

(2) 串联切换。先跳开工作电源，在确认工作开关跳开后，再合上备用电源。母线断电时间至少为备用开关合闸时间。此种方式多用于事故切换。

(3) 同时切换。这种方式介于并联切换和串联切换之间。合备用命令在跳工作开关命令发出之后、工作开关跳开之前发出。母线断电时间大于 0 ms 而小于备用开关合闸时间，可设置延时来调整。这种方式既可用于正常切换，也可用于事故切换。

6.2.1.2　按启动原因分类

(1) 正常手动切换。由运行人员手动操作启动，快切装置按事先设定的手动切换方式(并联、同时)进行分合闸操作。

(2) 事故自动切换。由保护接点启动。发电机变压器组、厂变压器和其他保护出口跳工作电源开关的同时，启动快切装置进行切换，快切装置按事先设定的自动切换方式(串联、

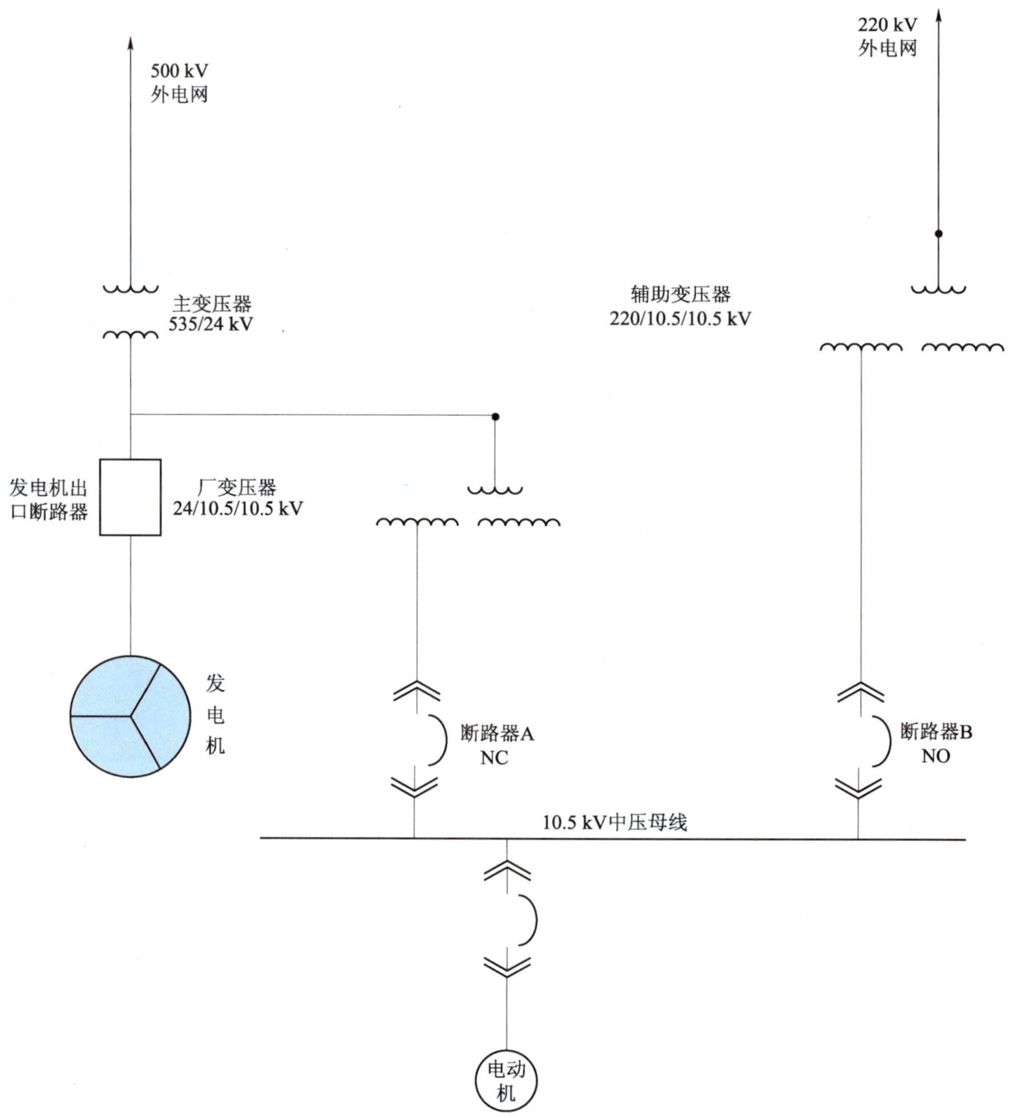

图 6-2-1　10.5 kV 中压母线(一段)接线简图

同时)进行分合闸操作。

(3) 不正常情况自动切换。有两种不正常情况,一是母线失压。母线电压低于整定电压并达整定延时后,装置自行启动,并按自动方式进行切换。二是工作电源开关误跳,由工作开关辅助接点启动装置,在切换条件满足时合上备用电源。

6.2.1.3　按切换速度分类

(1) 快速切换;

(2) 短延时切换;

(3) 同期捕捉切换;

(4) 残压切换。

6.2.2　快速切换、同期捕捉切换、残压切换原理

6.2.2.1　快速切换

如图 6-2-1 所示的我厂 10.5 kV 厂用电系统，工作电源由发电机端经厂用高压变压器引入，备用电源由厂外 220 kV 系统经辅助变压器引入。正常运行时，厂用母线由工作电源供电，当工作电源侧发生故障时，必须跳开工作电源断路器 A，合上备用电源断路器 B。跳开 A 时厂用母线失电，由于厂用负荷多为异步电动机，电动机将惰行，母线电压为众多电动机的合成反馈电压，称其为残压，残压的频率和幅值将逐渐衰减。

以极坐标形式绘出 V 母线残压相量变化轨迹（残压衰减较慢的情况）如图 6-2-2 所示。

电动机切换的等值电路如图 6-2-3 所示，图中 V_D 为母线残压，V_S 为备用电源电压，ΔU 为备用电源电压与母线残压间的差拍电压。合上备用电源后，电动机承受的电压 U_M 为：

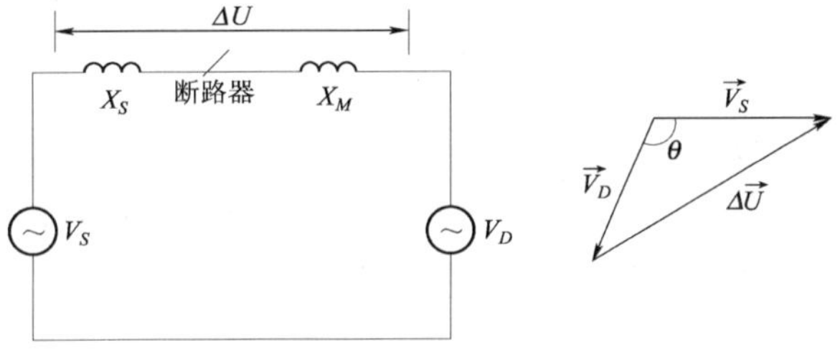

(a)　　(b)

图 6-2-2　母线残压特性示意图

(a) 等值电路图；(b) 相量图

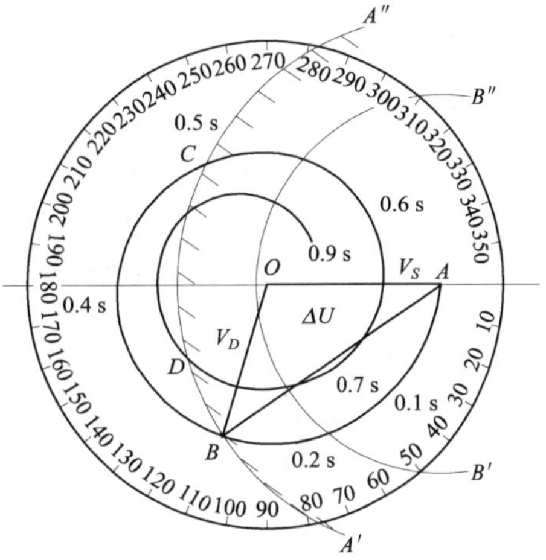

图 6-2-3　电动机切换等值电路

$$U_M = X_M/(X_S + X_M)\Delta U \tag{1}$$

式中，X_M——母线上电动机组和低压负荷折算到高压厂用电压后的等值电抗。

X_S——电源的等值电抗。

令 $K = X_M/(X_S + X_M)$，则

$$U_M = K\Delta U \tag{2}$$

为保证电动机安全自启动，U_M 应小于电动机的允许启动电压，设为 1.1 倍额定电压 U_{De}，则有：

$$K\Delta U < 1.1U_{De} \tag{3}$$

$$\Delta U(\%) < 1.1/K \tag{4}$$

设 $K=0.67$，则 $\Delta U(\%)<1.64$。图 6-2-3 中，以 A 为圆心，以 1.64 为半径绘出弧线 A'—A''，则 A'—A''的右侧为备用电源允许合闸的安全区域，左侧则为不安全区域。若取 $K=0.95$，则 $\Delta U(\%)<1.15$，图 6-2-3 中 B'—B''的左侧均为不安全区域。

假定正常运行时工作电源与备用电源同相，其电压相量端点为 A，则母线失电后残压相量端点将沿残压曲线由 A 向 B 方向移动，如能在 A—B 段内合上备用电源，则既能保证电动机安全，又不使电动机转速下降太多，这就是所谓的“快速切换”。

图 6-2-3 中，快速切换时间应小于 0.2 s，实际应用时，B 点通常由相角来界定，如 60°。考虑到合闸回路固有时间，合闸命令发出时的角度应小于 60°，即应有一定的提前量。提前量的大小取决于频差和合闸时间，如在合闸固有时间内平均频差为 1 Hz，合闸时间为 100 ms，则提前量约为 36°。

快速切换的整定值有两个，即频差和相角差，在装置发出合闸命令前瞬间将实测值与整定值进行比较，判断是否满足合闸条件。由于快速切换总是在启动后瞬间进行，因此频差和相差整定可取较小值。

6.2.2.2 同期捕捉切换

其原理概括如下。

图 6-2-3 中，过 B 点后 BC 段为不安全区域，不允许切换。在 C 点后至 CD 段实现的切换以前通常称为“延时切换”或“短延时切换”。前面已分析过，用固定延时的方法并不可靠。最好的办法是实时跟踪残压的频差和角差变化，尽量做到在反馈电压与备用电源电压向量第一次相位重合时合闸，这就是所谓的“同期捕捉切换”。以上图为例，同期捕捉切换时间约为 0.6 s，对于残压衰减较快的情况，该时间要短得多。若能实现同期捕捉切换，特别是同相点合闸，对电动机的自启动也很有利，因此时厂用母线电压衰减到 65%～70%，电动机转速不至于下降很大，且备用电源合上时冲击最小。

需要说明的是，同期捕捉切换之“同期”与发电机同期并网之“同期”有很大不同，同期捕捉切换时，电动机相当于异步发电机，其定子绕组磁场已由同步磁场转为异步磁场，而转子不存在外加原动力和外加励磁电流。因此，备用电源合上时，若相角差不大，即使存在一些频差和压差，定子磁场也将很快恢复同步，电动机也很快恢复正常异步运行。所以，此处同期指在相角差零点附近一定范围内合闸（合上）。

在实现手段上，同期捕捉切换有两种基本方法：一种基于“恒定越前相角”原理，即根据正常厂用负荷下同期捕捉阶段相角变化的速度（取决于该时的频差）和合闸回路的总时间，计算并整定出合闸提前角，快切装置实时跟踪频差和相差，当相差达到整定值，且频差不超过整定范围时，即发合闸命令。当频差超范围时，放弃合闸，转入残压切换。这种方法缺点是合闸角精确度不高，且合闸角随厂用负载变化而变化。另一种基于“恒定越前时间”原理，即完全根据实时的频差、相差，依据一定的变化规律模型，计算出离相角差过零点的时间，当该时间接近合闸回路总时间时，发出合闸命令。该方法从理论上讲，能较精确地实现过零点合闸，且不受负荷变化影响。但实用时，需解决不少困难：一是要准确地找出频差、相角差变化的规律并给出相应的数学模型，不能简单地利用线性模型；二是由于厂用电反馈电压频率变化的不完全连续性（有跳变）及频率测量的间断性（10 ms 一点）等，造成频差及相差测量的间断和偏差；另外，合闸回路的时间也有一定的离散性等。由于在同期捕捉阶段，相差的变化速度可达 1°～2°/ms，因此，任何一方面产生的误差都将大大降低合闸的准确性。

同期捕捉切换整定值也有两个：当采用恒定越前相角方式时，为频差和相角差（越前角）；当采用恒定越前时间方式时，为频差和越前时间（合闸回路总时间）。同期捕捉方式下，频差整定可取较大值。

6.2.2.3　残压切换

当残压衰减到20%～40%额定电压后实现的切换通常称为"残压切换"。残压切换虽能保证电动机安全，但由于停电时间过长，电动机自启动成功与否、自启动时间等都将受到较大限制。如图6-2-3情况下，残压衰减到40%的时间约为1 s，衰减到20%的时间约为1.4 s。

6.2.3　我厂中压母线切换逻辑

我厂10.5 kV中压母线切换方式有：快切换，残压切换（作为快切换的备用），手动切换。

6.2.3.1　快切换逻辑

我厂中压母线的快切换逻辑如图6-2-4所示，属于同时切换，切换时需要检定同期。

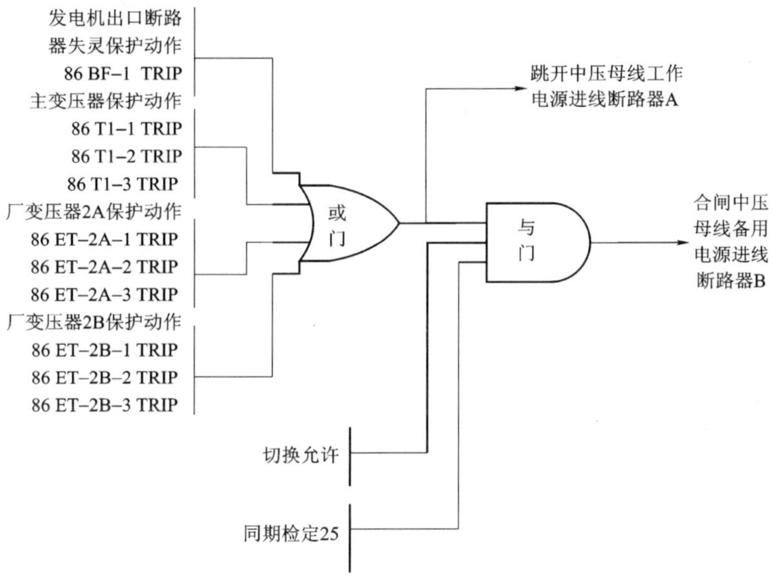

图6-2-4　快切换逻辑图

6.2.3.2　残压切换

中压母线快切换不成功时，采用残压切换作为备用。残压切换的逻辑为：

中压母线失压（$U \leqslant 30\% Un$）延时3 s时启动残压切换。

当中压母线失压（$U \leqslant 75\% Un$）延时3 s，跳开所有中压母线所连的电动机负荷。并启动柴油发电机（仅ES1/ES母线）。

6.2.3.3　手动切换

手动切换：在正常情况下，手动切换10.5 kV的进线断路器从厂变压器至辅助变压器（或从辅助变压器切换至厂变压器），切换时检同期，遵循先通后断的原则。

当辅助锅炉运行时，闭锁母线切换。

6.2.3.4　中压母线进线断路器控制逻辑

中压母线正常工作电源进线断路器（来自UAT）的控制逻辑图见图6-2-5。

中压母线备用电源进线断路器（来自RAT）的控制逻辑图见图6-2-6。

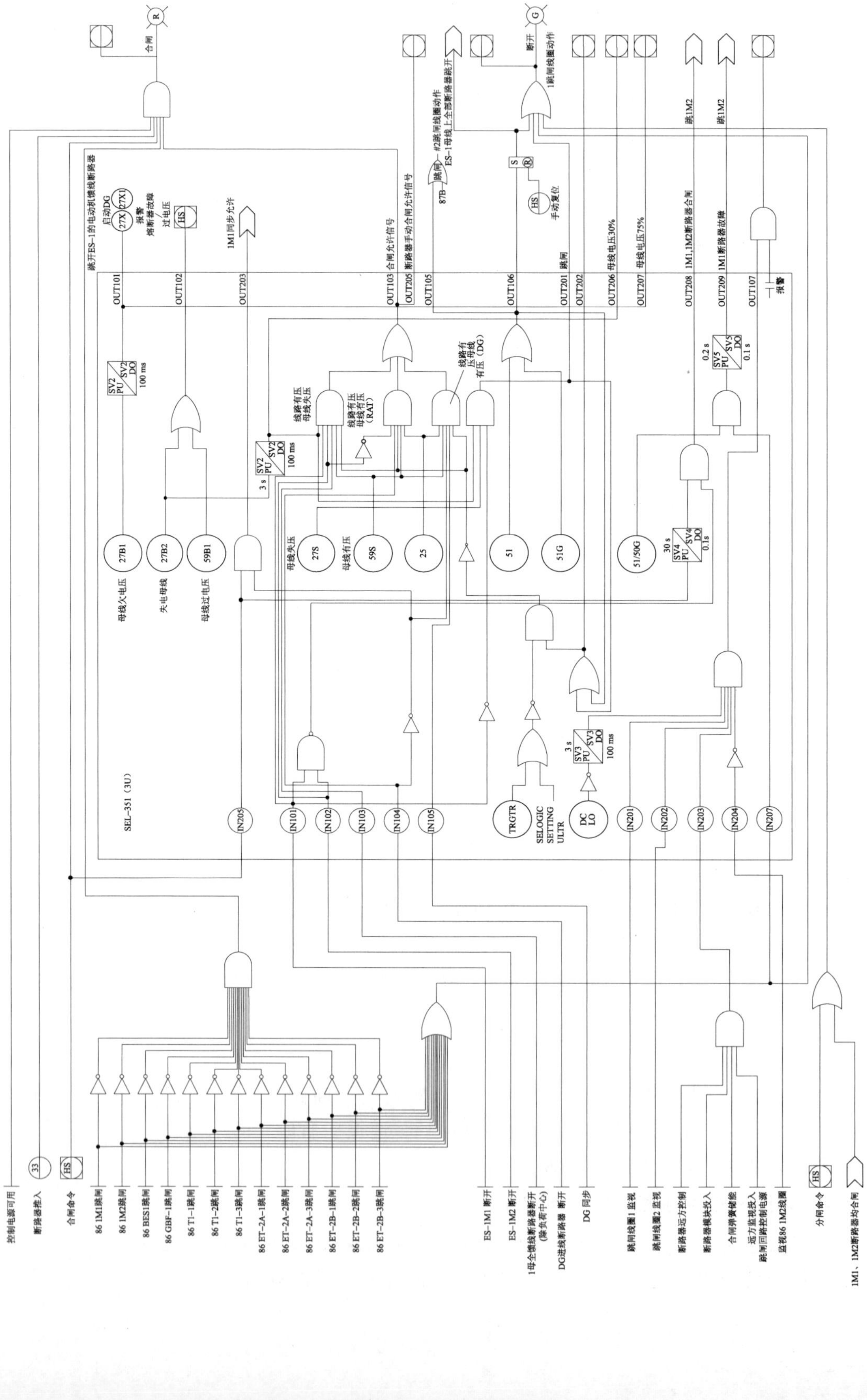

图 6-2-5　中压母线正常工作电源进线断路器（来自UAT）的控制逻辑

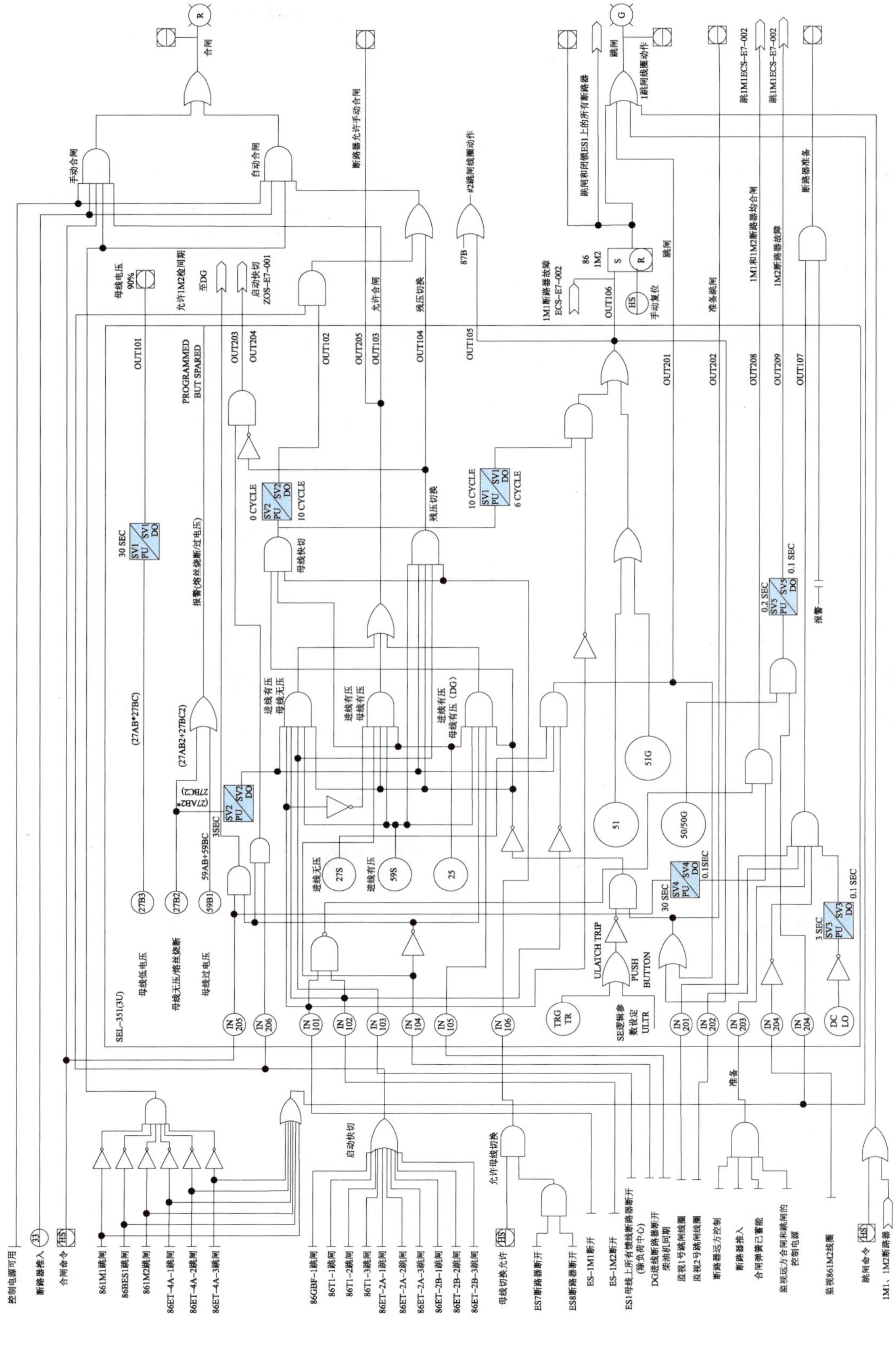

图 6-2-6　中压母线正常工作电源进线断路器（来自RAT）的控制逻辑

6.3 阀门供电原则

AP1000 设计的阀门供电特性见表 6-3-1。

表 6-3-1 AP1000 阀门供电特性

安全级阀门	供电电源
MOV(电动阀)	1E 级直流(IDS 直流)
过程电磁阀	1E 级直流(IDS 直流)
爆破阀	1E 级直流(IDS 直流)
AOV(气动阀)中先导电磁阀	1E 级直流(IDS 直流)
非安全级阀门	供电电源
MOV(电动阀)	正常交流配电盘 ECS-EC/EA-xxxxx(绝大部分)
过程电磁阀	非 1E 级直流(EDS 直流)
爆破阀	非 1E 级直流(EDS 直流)
AOV(气动阀)中先导电磁阀	非 1E 级 UPS(EDS 的 UPS)

AOV(气动阀)的先导电磁阀有些是两个执行不同功能的电磁阀，则根据系统是否属于安全级别来确定供电原则。如 APP-CVS-PL-047 中的电磁阀 1(S1)属于 PMS 控制，则由 IDS 直流供电；APP-CVS-PL-047 中的电磁阀 2(S2)属于 DAS 控制，则由 EDS 的 UPS 供电，如图 6-3-1 所示 CVS-PL-V047 气动阀的先导电磁阀的供电原则。

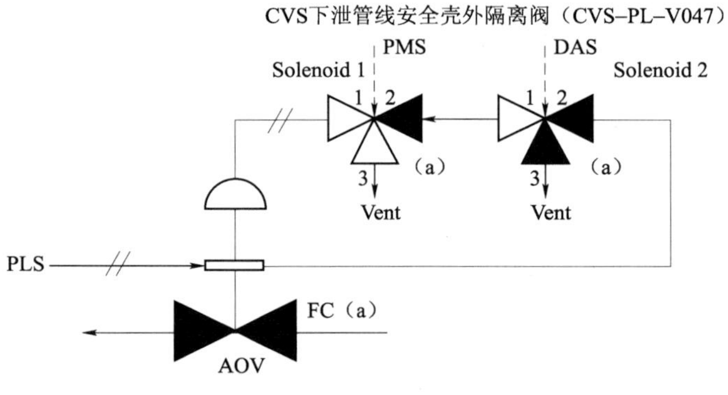

图 6-3-1 气动阀中先导电磁阀的供电原则

注释：

图中阀门位置表示失励状态，AOV 处于失效安全位置。任意一个三通电磁阀中的 3 对空，会使 AOV 处于关闭状态。AOV 中电磁阀 S1 属于 PMS 控制，失励时三通电磁阀 S1 中 1、3 通，2 断，AOV 关闭。S1 激励且 S2 失励时，压缩空气通过电磁阀 S2、S1 对 AOV 供气，使阀门开启。

电磁阀 S2 属于 DAS 控制，DAS 信号触发后，电磁阀激励时，1、3 通，2 断，AOV 关闭。当 PMS 控制失效时，对 AOV 阀门关闭实现冗余控制。

复习思考题

1. 变频器有哪几种主要的控制方式?
2. AP1000中国项目为什么要设置主泵变频器?
3. 快速切换和残压切换有何不同?
4. AP1000中的电动阀主要由哪些系统供电?有何原则?